高等院校机械类应用型本科"十二五"创新规划系列教材

顾问●张 策 张福润 赵敖生

互换性与技术测量

实验指导书

主 编 卢桂萍 李 平

副主编 楼应侯 江 琴 刘秀杰

HUHUANXING YU JISHU CELIANG

SHIYAN ZHIDAOSHU

华中科技大学出版社

http://www.hustp.com

中国·武汉

内 容 简 介

本书以互换性与测量技术基础理论知识为基础,从培养实践能力出发,介绍六个方面的实验内容,包括:尺寸公差测量,几何公差测量,表面粗糙度测量,螺纹测量,齿轮测量,角度、锥度测量。其中尺寸公差测量、几何公差测量、齿轮测量为本书的重点内容。每个实验内容包括实验目的、实验仪器、实验原理等,并结合仪器的特点以实际的实验项目为例,详细地介绍实验的步骤、数据处理方法,最后对实验的结果进行分析。

本书兼顾课堂教学及自学的特点和需要,依照本书的实验过程指导,可以巩固对理论知识的理解和掌握,在此基础上,本书还可以启发读者进行综合性的实验开发,开拓视野。

本书可以作为高校机械类本科生、专科生的专业课或选修课教材,也可供夜大、函授或互换性与测量技术培训使用,还可供机械设计、机械制造、机械电子工程、车辆工程等领域的专业技术人员作为参考书。

图书在版编目(CIP)数据

互换性与测量技术基础实验指导书/卢桂萍,李平主编.—武汉:华中科技大学出版社,2012.8
ISBN 978-7-5609-8202-1

Ⅰ.①互…　Ⅱ.①卢…　②李…　Ⅲ.①零部件-互换性-实验-高等学校-教材　②零部件-测量-实验-高等学校-教材　Ⅳ.①TG801-33

中国版本图书馆 CIP 数据核字(2012)第 164328 号

互换性与测量技术基础实验指导书　　　　　　　　　　卢桂萍　李　平　主编

策划编辑:俞道凯
责任编辑:吴　晗
责任校对:朱　霞
封面设计:陈　静
责任监印:徐　露
出版发行:华中科技大学出版社(中国·武汉)　　　电话:(027)81321913
　　　　　武汉市东湖新技术开发区华工科技园　　　邮编:430223
录　排:华中科技大学惠友文印中心
印　刷:武汉华工鑫宏印务有限公司
开　本:787mm×1092mm　1/16
印　张:4.25
字　数:102 千字
版　次:2018 年 7 月第 1 版第 6 次印刷
定　价:9.80 元

高等院校机械类应用型本科"十二五"创新规划系列教材

编审委员会

高等院校机械类应用型本科"十二五"创新规划系列教材

总　　序

《国家中长期教育改革和发展规划纲要》(2010—2020)颁布以来,胡锦涛总书记指出:教育是民族振兴、社会进步的基石,是提高国民素质、促进人的全面发展的根本途径。温家宝总理在 2010 年全国教育工作会议上的讲话中指出:民办教育是我国教育的重要组成部分。发展民办教育,是满足人民群众多样化教育需求、增强教育发展活力的必然要求。目前,我国高等教育发展正进入一个以注重质量、优化结构、深化改革为特征的新时期,从 1998 年到 2010 年,我国民办高校从 21 所发展到了 676 所,在校生从 1.2 万人增长为 477 万人。独立学院和民办本科学校在拓展高等教育资源,扩大高校办学规模,尤其是在培养应用型人才等方面发挥了积极作用。

当前我国机械行业发展迅猛,急需大量的机械类应用型人才。全国应用型高校中设有机械专业的学校众多,但这些学校使用的教材中,既符合当前改革形势又适用于目前教学形式的优秀教材却很少。针对这种现状,急需推出一系列切合当前教育改革需要的高质量优秀专业教材,以推动应用型本科教育办学体制和运行机制的改革,提高教育的整体水平,加快改进应用型本科的办学模式、课程体系和教学方式,形成具有多元化特色的教育体系。现阶段,组织应用型本科教材的编写是独立学院和民办普通本科院校内涵提升的需要,是独立学院和民办普通本科院校教学建设的需要,也是市场的需要。

为了贯彻落实教育规划纲要,满足各高校的高素质应用型人才培养要求,2011 年 7 月,华中科技大学出版社在教育部高等学校机械学科教学指导委员会的指导下,召开了高等院校机械类应用型本科"十二五"创新规划系列教材编写会议。本套教材以"符合人才培养需求,体现教育改革成果,确保教材质量,形式新颖创新"为指导思想,内容上体现思想性、科学性、先进性和实用性,把握行业岗位要求,突出应用型本科院校教育特色。本套教材在独立学院、民办普通本科院校教育改革逐步推进的大背景下编写,教材特色鲜明,编写参与面广泛,具有代表性,适合独立学院、民办普通本科院校等机械类专业教学。

本套教材邀请有省级以上精品课程建设经验的教学团队引领教材的建设,邀请本专业领域内德高望重的教授张策、张福润、赵敖生等担任学术顾问,邀请国家级教学名师、教育部高等学校机械基础学科教学指导委员会副主任委员、华中科技大学机械学院博士生导师吴昌林教授担任总主编,并成立编审委员会对教材质量进行把关。

我们希望本套教材的出版,能有助于培养适应社会发展需要的、综合素质好的新型机械工程建设人才。我们也相信本套教材能达到这个目标,从形式到内容都成为精品,真正成为高等院校机械类应用型本科教材中的全国性品牌。

高等院校机械类应用型本科"十二五"创新规划系列教材

编审委员会

2012-5-1

前　　言

本书是高等院校机械类应用型本科"十二五"创新规划系列教材。

"互换性与测量技术基础"是机械类各专业的一门技术基础课,是研究零件互换性和技术测量方面的一门学科。它是当今机制工艺与专业工程技术人员进行设计、制造、装配、维修等所必须学习和掌握的一门专业技术基础课,其理论和实践性很强,其实验课程的安排尤为重要。本书的指导思想是:以"互换性与测量技术基础"的理论课程为基础,围绕理论知识开设相关实验内容,并根据培养应用型人才的定位,结合各专业的具体情况,从使用标准的角度出发,开设不同层次的实验,实验难易程度相当,步骤介绍详尽。通过本书的内容学习,了解我国互换性与技术测量方面的主要标准,掌握正确选择孔与轴的极限与配合、几何公差、表面粗糙度的基本原则和方法,掌握几何量测量的基本原理,提高动手能力,并能通过实验加深对理论课程的理解。

互换性与技术测量是教学计划中联系设计课程与工艺课程的纽带,是从基础课学习过渡到专业课学习的桥梁。本书的主要任务是使学生在掌握标准化和互换性的基本概念及有关的基本术语和定义,获得机械零件的几何精度及其相互配合的理论基础上,理解课程中几何量公差标准的主要内容、特点和应用原则,并掌握参数的一般测量技术。通过本书中实验项目操作,增强对主要测量工具工作原理的理解,熟悉实验仪器设备的基本结构并掌握其测量方法。熟练掌握实验数据处理方法,并能够通过查用公差标准来验证测量的准确性,从而具有对机械零件的一般几何量进行技术测量的初步能力。

全书共分为六大部分,依次为:尺寸公差测量,几何公差测量,表面粗糙度测量,螺纹测量,齿轮测量,角度、锥度测量。本书采用了新的国家标准,内容翔实。实验项目经过合理的安排,涉及面较广。

本书由北京理工大学珠海学院卢桂萍、华中科技大学武昌分校李平担任主编,浙江大学宁波理工学院楼应侯、南京理工大学紫金学院江琴、山东科技大学泰山科技学院刘秀杰担任副主编。具体编写分工为:江琴编写第 1 部分;卢桂萍编写第 2 部分及第 5 部分中实验 14、实验 15、实验 16 的内容;刘秀杰编写第 3 部分;李平编写第 4 部分;楼应侯编写第 5 部分中实验 17、实验 18、实验 19 及第 6 部分。

本书在编写过程中得到了华中科技大学、浙江大学城市学院、东南大学成贤学院等单位的大力支持,孙树礼、易茜等同志为本书的编写做了大量的准备工作,特此表示感谢。本书引用了大量的参考资料,在此向相关资料的作者表示诚挚的谢意,这些资料也是本书得以完成的重要基础。

虽然参与编写的每位同志都精心准备资料、用心编写,但由于水平有限,书中难免存在缺点和不足,恳请广大读者批评指正。

编　者

2012 年 5 月 31 日于广东珠海

目　　录

第1部分 尺寸公差测量

实验1 孔轴配合的认识及基本技术测量

1. 实验目的

(1) 巩固技术测量的基本概念、基本知识;

(2) 加深对光滑圆柱体结合的公差与配合的认识;

(3) 认识和学会使用几种常用的机械式量具、量仪;

(4) 学习误差的处理。

2. 实验内容

(1) 观察减速箱中孔轴配合的类型;

(2) 测量方法分类、测量工具介绍;

(3) 轴径与内孔的尺寸测量;

(4) 量具的测量步骤。

3. 孔轴配合的认识

以减速器为例,了解典型的孔轴配合(见图1.1、图1.2)。

图1.1 一级直齿圆柱减速器

(1) 轴与箱体的配合要求　在轴、箱体精度不高的情况下,轴承受其影响,不能正常发挥其性能。比如,安装部分挡肩如果精度不高,会产生内、外圈相对倾斜,在轴承负荷之外增加应力集中,使轴承疲劳寿命下降,更严重的会导致保持架破损、烧结。

(2) 轴、箱体与轴承的配合,电动机用轴承与轴的公差配合一般采用k5或k6。例如6309轴承所配合的轴与箱体的精度如下。

轴的圆度公差为4～7 μm,圆柱度公差为4～7 μm,挡肩的跳动公差为4 μm;

箱体的圆度公差为7～11 μm,圆柱度公差为7～11 μm,挡肩的跳动公差为4～7 μm。

减速器主要零件的荐用配合如表1.1所示。

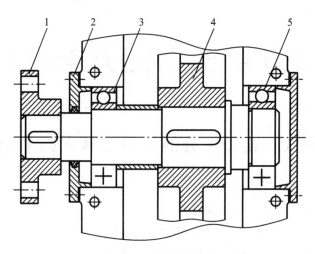

图 1.2 减速器输出轴

1—联轴器；2—轴承盖；3—轴承 1；4—齿轮；5—轴承 2

表 1.1 减速器主要零件的荐用配合

配 合 零 件	荐 用 配 合	装 拆 方 法
一般情况下的齿轮、蜗轮、带轮、链轮、联轴器与轴的配合	$\dfrac{H7}{r6}$；$\dfrac{H7}{n6}$	用压力机
小锥齿轮及常拆卸的齿轮、带轮、链轮、联轴器与轴的配合	$\dfrac{H7}{m6}$；$\dfrac{H7}{k6}$	用压力机或手锤打入
蜗轮轮缘与轮芯的配合	轮箍式：$\dfrac{H7}{s6}$ 螺栓连接式：$\dfrac{H7}{h6}$	加热轮缘或用压力机推入
滚动轴承内圈孔与轴、外圈与箱体孔的配合	内圈与轴：j6；k6 外圈与孔：H7	用温差法或用压力机
轴套、挡油盘、溅油轮与轴的配合	$\dfrac{D11}{k6}$；$\dfrac{F9}{k6}$，$\dfrac{F9}{m6}$；$\dfrac{H8}{h7}$；$\dfrac{H8}{h8}$	徒手
轴承套杯与箱体孔的配合	$\dfrac{H7}{js6}$；$\dfrac{H7}{h6}$	
轴承盖与箱体孔(或套杯孔)的配合	$\dfrac{H7}{d11}$；$\dfrac{H7}{h8}$	

4．测量仪器说明

1）游标量具与测微量具

常用游标量具(见图 1.3)有：游标卡尺、高度游标卡尺、深度游标卡尺。分度值常用的有 0.05 mm、0.02 mm。

常用的测微量具有外径千分尺、内径千分尺、深度千分尺等。其中外径千分尺在生产中应用广泛，有机械式和数显式等类型。如图 1.4 所示为外径千分尺，其分度值为 0.01 mm，测量范围有 0～25 mm、25～50 mm、50～75 mm、75～100 mm、100～125 mm、125～150 mm等几种。外径千分尺由固定尺架、测砧、测微螺杆、固定套管、微分筒、测力装置、锁紧装置等

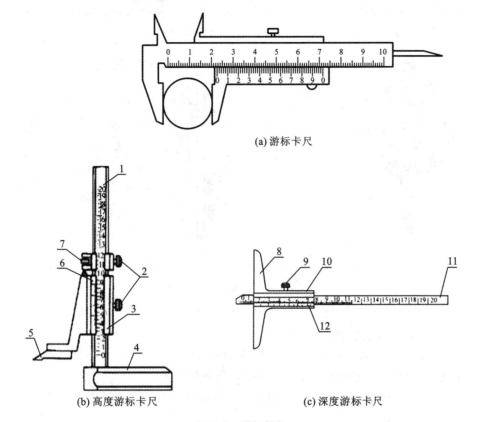

(a) 游标卡尺

(b) 高度游标卡尺　　　　　　　　　　　　(c) 深度游标卡尺

图 1.3　游标量具

1,11—主尺;2,9—紧固螺钉;3,10—尺框;4—基座;5—量爪;
6,12—游标;7—微动装置;8—测量基座

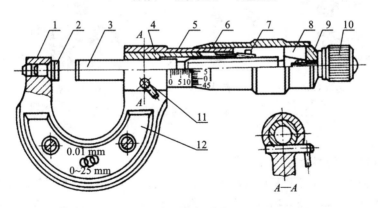

图 1.4　外径千分尺

1—固定尺架;2—测砧;3—测微螺杆;4—螺纹轴套;5—固定套筒;6—微分筒;
7—调节螺母;8—弹簧套;9—垫片;10—测力装置;11—锁紧装置;12—隔热装置

部件组成。

2) 百分表

百分表的分度值为 0.01 mm,表面刻度盘上共有 100 条等分刻线。因此,百分表齿轮

传动机构应使量杆每移动 1 mm 时,指针回转一圈。百分表的测量范围有 0~3 mm、0~5 mm、0~10 mm 三种。图 1.5 所示分别为它的外形和传动原理。

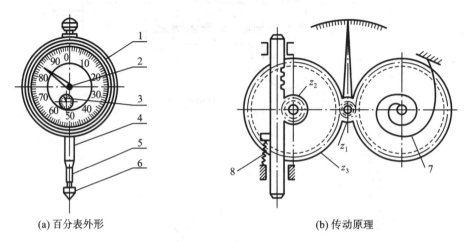

(a) 百分表外形   (b) 传动原理

图 1.5　百分表外形与传动原理

1—表盘;2—大指针;3—小指针;4—套筒;5—测量杆;6—测量头;7—游丝;8—弹簧

百分表使用中,应注意如下两点问题。

(1) 齿侧间隙的消除:通过游丝消除齿侧间隙,提高测量精度。

(2) 测量力的控制:弹簧是用来控制百分表的测量力的。

百分表通常与表架同时使用,常用的表架类型有如图 1.6 所示的三种。

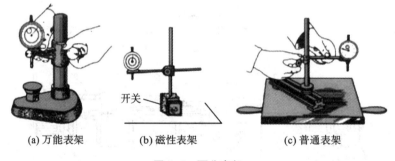

(a) 万能表架   (b) 磁性表架   (c) 普通表架

图 1.6　百分表架

5. 测量过程

1) 轴径和孔径的测量方法

就结构特征而言,轴径测量属外尺寸测量,而孔径测量属内尺寸测量。在机械零件几何尺寸的检测中,轴径和孔径的测量占有很大的比例,其测量方法和器具较多。根据生产批量多少、被测尺寸的大小、精度高低等因素,可选择不同的测量器具和方法。

生产批量较大的产品,一般用光滑极限量规对外圆和内孔进行检测。光滑极限量规是一种无刻度的专用测量工具,用它检测零件时,只能确定零件是否在允许的极限尺寸范围内,不能测量出零件的实际尺寸。

一般精度的孔、轴,生产数量较少时,可用杠杆千分尺、外径千分尺、内径千分尺、游标卡尺等进行绝对测量,也可用千分表、百分表、内径百分表等进行相对测量。

对于较高精度的孔、轴,应采用机械式比较仪、光学比较仪、万能测长仪、电动测微仪、气动量仪和接触式干涉仪等精密仪器进行测量。

2) 测量步骤

(1) 用游标卡尺测量轴外径的同一部位 5 次(等精度测量),将测量值记入表 1.2 中,并完成后面的计算。

平均值:将 5 次测量值相加后除以 5 得到平均值。将平均值作为该测量点的实际值。

变化量:测量值中的最大值与最小值之差。

测量值:按规范的测量结果表达式写出测量值。对测量数据进行后期数据处理,并规范表达用游标卡尺测量轴径的测量结果。

表 1.2　测量结果

测 量 器 具	测量值/mm					平均值/mm	变化量/mm
	1	2	3	4	5		
游标卡尺							
外径千分尺							

(2) 用外径千分尺测量轴外径的同一部位 5 次(等精度测量),将测量值记入表 1.2 中,并完成后面的计算。

平均值:将 5 次测量值相加后除以 5 得到平均值。将平均值作为该测量点的实际值。

变化量:测量值中的最大值与最小值之差。

测量值:按规范的测量结果表达式写出测量值。对测量数据进行后期数据处理,并规范表达用外径千分尺测量轴径的测量结果。

(3) 分析比较:用两种不同的测量器具对同一尺寸进行测量后,分析并比较其测量结果。

实验 2　用内径百分表测量孔径

1. 实验目的

(1) 了解零件中孔的尺寸和形状误差的测量方法。

(2) 了解内径百分表的原理、调整和测量方法。

(3) 巩固零件中孔有关尺寸及几何公差的概念,学会由测得数据判断孔合格性的方法。

2. 实验内容

用内径百分表测量孔径。

3. 测量仪器说明及测量方法

1) 仪器概述

内径百分表是在生产过程中测量孔径的常用仪器,它由指示表和装有杠杆系统的测量装置组成,图 2.1 所示为内径百分表结构示意图。被测孔径大小不同,可以选用不同长度的固定量柱,每一仪器都附有一套固定量柱以备选用,仪器的测量范围取决于固定量柱的范围。

活动量柱的移动可经杠杆系统传给指示表。内径百分表的两测头放入被测孔内后,应位于被测孔的直径方向上,这是由簧片来保证的,如图 2.1 所示。簧片借弹簧力始终和被测孔接触,其接触点的连线和直径是垂直的,这样就可使量柱位于被测孔的直径上。

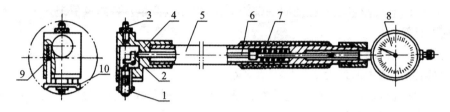

图 2.1　内径百分表

1—活动量杆;2—等臂杠杆;3—固定量杆;4—壳体;5—长管;6—推杆;

7,9—弹簧;8—百分表;10—定位护桥

内径百分表的活动测头移动量很小,它的测量范围是通过更换或调整可换测头的长度达到的。内径百分表的测量范围有以下几种:10～18 mm、18～35 mm、35～50 mm、50～100 mm、100～160 mm、160～250 mm、250～450 mm。

用内径百分表测量孔径是一种相对量法,测量前应根据被测孔径的大小,在千分尺或其他量具上调整好尺寸后才能使用。

圆柱在孔的纵断面上也可能倾斜,如图 2.2 所示。所以在测量时应将量杆摆动,以指示表的最小值为实际读数(即指针转折点的位置)。

用内径百分表测量孔径是相对测量法,也是接触量法。因此,在测量零件之前应该用标准环或用量块组成一标准尺寸置于量块夹中,调整仪器的零点。

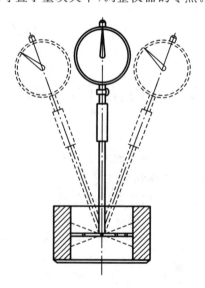

图 2.2　内径千分表测量孔径

2) 测量方法

(1) 根据被测轴套基本尺寸,选择相应的固定量柱旋入量杆的头部。

（2）按轴套的基本尺寸选择量块，擦净后组合于量块夹中。用图 2.2 所示方法调整指示表的零点。

（3）按图 2.2 所示方法测量轴套，按指示表的最小示值读数。

（4）如图 2.3 所示，在孔的三个截面两个方向上，共测 6 个点。按孔的验收极限及圆度公差判断其合格性。

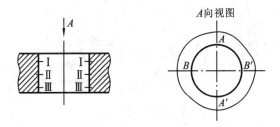

图 2.3　测量点标注

4. 测量数据处理及零件合格性的评定

1）局部实际尺寸

全部测量位置的实际尺寸应满足最大、最小极限尺寸。考虑测量误差，局部实际尺寸应满足验收极限尺寸（与轴同）。考虑到测量误差的存在，为保证不误收废品，应先根据被测孔径的公差大小，查表得到相应的安全裕度 A，然后确定其验收极限，若全部实际尺寸都在验收极限范围内，则可判此孔径合格。

$$ES - A \geqslant E_a \geqslant EI + A$$

式中：ES——零件的上偏差；

EI——零件的下偏差；

E_a——局部实际尺寸；

A——安全裕度。

2）形状误差

用内径百分表测孔采用的是两点法，其圆度误差为在同一横截面位置的两个方向上的测得的实际偏差之差的一半。取各测量位置的最大误差值作为圆度误差，其值应小于圆度公差。

实验 3　用万能测长仪测量孔径

1. 实验目的

（1）了解万能测长仪的测量原理及使用方法。

（2）加深对内径尺寸测量特点的了解。

2. 实验内容

用万能测长仪测量孔径。

3. 测量仪器说明

万能测长仪是根据阿贝原理制造的。在万能测长仪上测量工件,是将被测几何量直接与精密刻线尺进行比较,并通过测微显微镜进行读数。

万能测长仪主要由底座、万能工作台、测座、尾座及各种测量附件组成,如图 3.1 所示。

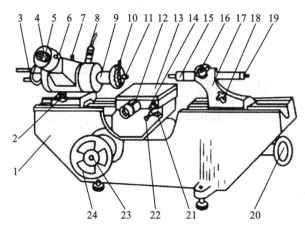

图 3.1 万能测长仪外形结构图

1—底座;2—测量座紧固螺钉;3—测量轴限位杆;4—丝米刻线尺位置调节手轮;5—测微目镜;6—微米刻度尺旋转手轮
7—测量轴固定螺钉;8—光源;9—测量轴;10—重锤拉线挂钩;11—测头;12—工作台横向移动微分筒;
13—工作台;14—工作台水平回转手轮;15—尾座测头调整螺钉;16—尾管紧固螺钉;17—尾座;18—尾座紧固螺钉;
19—尾管轴向微动手柄;20—工作台弹簧力调节手柄;21—固定螺钉;22—工作台偏摆手柄;
23—工作台升降锁紧螺母;24—工作台升降手轮

将工件安放在工作台上,并通过调整工作台的位置使工件获得正确的测量位置。万能工作台可实现五种运动:

(1) 旋转手轮 24 可使工作台上升或下降;

(2) 旋转微分筒 12 可使工作台横向移动;

(3) 摆动手轮 14 可使工作台水平回转±4°;

(4) 扳动手柄 22 可使工作台具有±3°的偏摆运动;

(5) 在测量轴线上,工作台可自由滑动±5 mm。

万能测长仪的主要技术参数如下。

测长仪的测量范围:内尺寸 1～200 mm,0～500 mm(相对测量);

　　　　　　　　　外尺寸 0～100 mm(绝对测量)。

测长仪的示值范围:0～100 mm。

分度值:0.001 mm。

4. 测量方法

在圆柱体的测定中,无论所测的是外圆柱面还是内孔,都必须使测量轴线穿过该曲面的中心,并垂直于圆柱体的轴线。为了满足这一条件,在将被测件固定于工作台上后,就要利用万能工作台各个可能的运动条件,通过寻找"读数转折点",将工件调整到符合阿贝原则的正确位置上,用万能测长仪测量孔径,如图 3.2 所示。

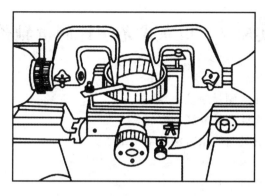

图 3.2 用万能测长仪测量孔径

转动工作台升降手轮 24,调整工作台的高度,使测头位于孔内适当的位置。再旋转工作台的横向微分筒 12,同时观察目镜中刻线尺的变化,以读数最大值为转折点,在此处将工作台横向固定。最后再调整工作台偏摆手柄 22,以读数最小值为转折点,在此处将工作台纵向偏摆固定,方可正式读数(见图 3.3)。此时,测量轴线穿过被测件的曲面中心,且与圆柱体的轴线垂直。

若是测量轴径,将工件安放在工作台上,将测头接触工件外径。先转动工作台升降手轮 24,观察毫米刻度线的变化,以读数最大值为转折点,在此处将工作台的高度固定。然后扳动工作台水平回转手柄 14,以读数最小值为转折点,在此处将工作台的水平位置固定,然后进行正式的读数。

对于平面,则万能工作台的各个运动都必须进行调整。

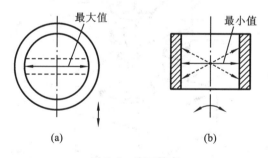

图 3.3 找回转点

5. 测量步骤

(1)按被测孔径组合量块,用量块组调整仪器零位或用仪器所带的标准环调零。

(2)将被测工件安装在工作台上,并用压板固定。

(3)松开固定螺钉 7,调整万能工作台,使工件处于正确位置,从读数显微镜中读数。

(4)重复步骤(3),记录每次测量结果。

(5)进行等精度多次测量的人工数据处理,并判断被测孔径的合格性。也可事先编制电算程序,将工件公差与测得值输入计算机,由计算机进行数据处理,并将合格性判断打印或在屏幕显示出来。

实验 4 用立式光学计测量轴径

1. 实验目的

（1）了解立式光学计的测量原理。

（2）熟悉用立式光学计测量外径的方法。

（3）加深理解计量器具与测量方法的常用术语。

2. 实验内容

（1）用立式光学计测量轴径。

（2）根据测量结果，按测轴径的尺寸公差，作出适用性结论。

3. 测量原理及计量器具说明

立式光学计是一种精度较高而结构简单的常用光学量仪。用量块作为长度基准，按比较测量法来测量各种工件的外尺寸。

图 4.1 所示为立式光学计的外形图。它由底座 1、立柱 5、支臂 3、直角光管 6 和工作台 11 等部分组成。

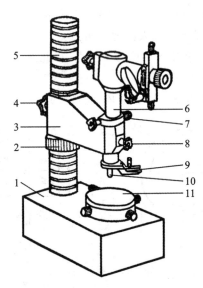

图 4.1 立式光学计的外形

1—底座；2—粗动螺母；3—支臂；4,8—紧固螺钉；5—立柱；6—直角光管；

7—偏心手轮；9—测头提升杠杆；10—测杆；11—工作台

光学计是利用光学杠杆放大原理进行测量的仪器，其光学系统如图 4.2 所示。照明光线经进光反射镜 1 照射到刻度尺 8 上，再经直角棱镜 2、物镜 3，照射到反射镜 4 上。由于刻度尺 8 位于物镜 3 的焦平面上，故从刻度尺 8 上发出的光线经物镜 3 后成为一平行光束，若反射镜 4 与物镜 3 之间相互平行，则反射光线折回焦平面，刻度尺像 7 与刻度尺 8 对称。若被测尺寸变动使测杆 5 推动反射镜 4 绕支点转动某一角度 α，如图 4.2(a)所示，则反射光线相对于入射光线偏转 2α 角度，从而使刻度尺像 7 产生位移 t，如图 4.2(c)所示，它代表被测尺寸的变动量。物镜至刻度尺 8 间的距离为物镜焦距 f，设 b 为测杆中心至反射镜支点间的距离，s 为测杆移动的距离，则仪器的放大比 K 为

$$K = \frac{t}{s} = \frac{f\tan 2\alpha}{b\tan\alpha} \tag{4.1}$$

当 α 很小时，$\tan 2\alpha \approx 2\alpha$，$\tan\alpha \approx \alpha$，因此

$$K = \frac{2f}{b} \tag{4.2}$$

光学计的目镜放大倍数为 12，$f = 200$ mm，$b = 5$ mm，故仪器的总放大倍数 n 为

$$n = 12K = 12\frac{2f}{b} = 12 \times \frac{2 \times 200}{5} = 960$$

由此说明，当测杆移动 0.001 mm 时，在目镜中可见到 0.96 mm 的位移量。

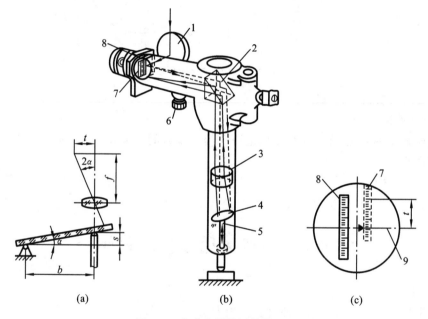

图 4.2　立式光学计测量原理图

1—进光反射镜；2—全反射棱镜；3—物镜；4—反射镜；5—测杆；6—螺钉；7—刻度尺像；8—刻度尺；9—指示线

4. 测量步骤

1）测头的选择

测头有球形、平面形和刀口形的三种。应根据被测零件表面的几何形状来选择测头，使测头与被测表面尽量成点接触。所以，测量平面或圆柱面工件时选用球形测头，测量球面工件时选用平面形测头，测量小于 10 mm 的圆柱面工件时选用刀口形测头。

2）量块的组合

按被测轴径的基本尺寸组合量块。

3）调整仪器零位

（1）参看图 4.1，选好量块组后，将下测量面置于工作台 11 的中央，并使测头 10 对准上测量面中央。

(2) 粗调节:松开支臂紧固螺钉4,转动调节螺母2,使支臂3缓慢下降,直到测头与量块上测量面轻微接触,并能在视场中看到刻度尺像时,将螺钉4锁紧。

(3) 细调节:松开紧固螺钉8,转动偏心手轮7,直至在目镜中观察到刻度尺像与 μ 指示线接近为止,如图4.3(a)所示,然后拧紧螺钉8。

(4) 微调节:参看图4.2(b),转动刻度尺寸微调螺钉6,使刻度尺的零线影像与 μ 指示线重合,如图4.3所示;然后参看图4.1,压下测头提升杠杆9数次,使零位稳定。

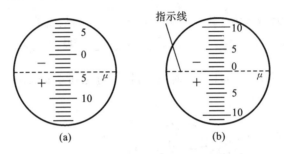

图 4.3 立式光学计的刻度尺

(5) 将测头抬起,取下量块。

4) 测量轴径

按实验规定的部位(在三个横截面上两个相互垂直的径向位置上)进行测量,把测量结果填入实验报告。

5) 判断合格性

由轴径零件图(由学生自己设计、画出)的要求,判断轴径的合格性。

实验 5 用机械比较仪测量轴径

1. 实验目的

(1) 掌握机械比较仪的工作原理及使用方法。

(2) 熟悉轴的直径及其形状误差的测量方法。

(3) 学会基本的测量误差处理方法。

2. 实验内容

用机械比较仪测量轴径。

3. 设备与器材

机械比较仪1台、被测轴和相同尺寸量块各1组。

4. 实验原理与方案

机械比较仪主要用于长度比较测量。要先用量块将标尺和指针调到零位,被测尺寸对量块的偏差可从仪器标尺上读得。可对某轴的固定部位进行多次重复测量,计算测量误差。

机械杠杆齿轮比较仪是利用杠杆齿轮传动的原理工作的,它的外形与传动结构如图5.1所示,其分度值为 0.001 mm,标尺的示值范围为 ± 0.1 mm。

杠杆齿轮比较仪的放大比为

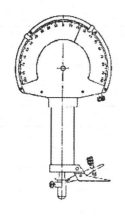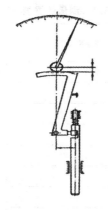

图 5.1　杠杆齿轮比较仪

1—比较仪；2—量块；3—测量座

$$K = \frac{R_1}{R_2} \times \frac{R_3}{R_4} = \frac{50}{1} \times \frac{100}{5} = 1\ 000$$

5. 实验步骤、方法与注意事项

（1）根据被测件的基本尺寸选择机械或光学比较仪测量头的形式（球形）。

（2）根据被测件的基本尺寸组成量块组。

（3）调整工作台，使其与测杆的移动方向垂直。

（4）调整仪器零位，按下列四个步骤进行调整。

① 将量块组置于工作台的中央，并使仪器测头对准量块测量面的中央。

② 粗调节：松开臂架紧固螺钉，转动调节螺母，使臂架缓慢下降，直到测头与量块上测量面轻微接触，将螺钉锁紧。

③ 细调节：松开紧固螺钉，转动细调手轮，使比较仪指针指近刻度盘零位。然后拧紧螺钉。

④ 微调节：转动微调手轮，使指针与刻度盘零位重合，然后压下测头拨叉数次，使零位稳定。

（5）将被测件置于工作台上，对所指定位置进行测量，仪器上的读数即为被测零件相对量块尺寸的偏差。

6. 测量与处理数据

重复 10 次测量一个零件同一个部位的尺寸，计算测量误差，填写表 5.1 和表 5.2。

表 5.1　仪器基本参数

仪　器	名　称	刻度值/mm	示值范围/mm	测量范围/mm
零件名称	零件基本尺寸及极限偏差/mm	块规组合尺寸/mm	修正量/μm	

表 5.2 测量数据表

序　号	测得实际偏差/mm	换算实际尺寸 x_i/mm	剩余误差/μm $v_i = x_i - \overline{x}$	v_i^2
1				
2				
3				
4				
5				
6				
7				
8				
9				
10				

（1）测量结果的标准偏差（μm）$\sigma =$

（2）算术平均值的标准偏差（μm）

（3）测量结果（mm）$d =$

实验中需用到的公式如下。

平均值：

$$\overline{x} = \frac{x_1 + x_2 + \cdots + x_N}{n} = \frac{\sum\limits_{i=1}^{n} x_i}{n}$$

残余误差：

$$v_i = x_i - \overline{x}$$

随机误差的标准偏差：

$$\sigma_x = \sqrt{\frac{v_1^2 + v_2^2 + \cdots + v_n^2}{n-1}} = \sqrt{\frac{\sum\limits_{i=1}^{n} v_i^2}{n-1}}$$

平均值的标准偏差：

$$\sigma_{\overline{x}} = \frac{\sigma_x}{\sqrt{n}}$$

测量结果：

$$x = \overline{x} \pm 3\sigma_{\overline{x}}$$

第 2 部分　几何公差测量

实验 6　用合像水平仪测量直线度误差

1. 实验目的

(1) 掌握用水平仪测量直线度误差及数据处理的方法。

(2) 加深对直线度误差定义的理解。

(3) 掌握直线度误差的评定方法。

2. 实验内容

用合像水平仪测量直线度误差。

3. 实验主要仪器设备

合像水平仪一台。

4. 测量原理及计量器具说明

对机床、仪器导轨或其他窄而长的平面,为了控制其直线度误差,常在给定平面(铅垂面、水平面)内进行检测。常用的计量器具有框式水平仪、合像水平仪、电子水平仪和自准直仪等。这类器具的共同特点是能测定微小角度变化。由于被测表面存在着直线度误差,将计量器具置于不同的被测部位上,其倾斜角度就要发生相应的变化。节距(相邻两测点的距离)一经确定,这个变化的微小倾角与被测相邻两点的高低差就有确切的对应关系。通过对节距的逐个测量,得出变化的角度,通过作图或计算,即可求出被测表面的直线度误差。由于合像水平仪具有测量准确度高、测量范围大(± 10 mm/m)、测量效率高、价格便宜、携带方便等优点,故在检测工作中得到了广泛的采用。

合像水平仪的结构如图 6.1(a)、(d)所示,它由底板 1 和壳体 4 组成外壳基体,其内部则由杠杆 2、水准器 8、棱镜组 7、测量系统(含旋转微分筒 9、螺杆 10 及放大镜 11 等)以及放大镜 6 所组成。使用时将合像水平仪放于桥板(见图 6.2)上相对不动,再将桥板放于被测表面上。如果被测表面无直线度误差,并与自然水平基准平行,此时水准器的气泡位于两棱镜的中间位置,气泡边缘通过合像棱镜 7 产生影像,在放大镜 6 中观察将出现如图 6.1(b)所示的情况。但在实际测量中,由于被测表面安放位置不理想和被测表面本身不直,导致气泡移动,其视场情况将如图 6.1(c)所示。此时可转动测微螺杆 10,使水准器转动一角度,从而使气泡返回棱镜组 7 的中间位置,则图 6.1(c)中两影像的错移量 Δ 消失,如图 6.1(b)所示。如图 6.1(d)所示,测微螺杆移动量 s 所导致的水准器的转角 α,与被测表面相邻两点的高低差 h 有确切的对应关系,即

$$h = 0.01 L\alpha \quad (\mu\text{m})$$

式中:0.01——合像水平仪的分度值(mm/m);

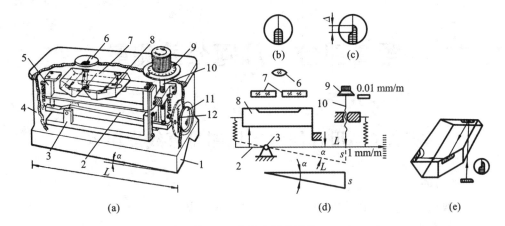

(a) (b) (c) (d) (e)

图 6.1 合像水平仪结构

1—底板;2—杠杆;3—支承;4—壳体;5—支承架;6,11—放大镜;7—棱镜;

8—水准器;9—微分筒;10—测微螺杆;12—刻度尺

L——桥板节距(mm);

α——角度读数值(用格数来计数)。

如此逐点测量,就可得到相应的值。为了阐述直线度误差的评定方法,后面将用实例加以叙述。

5. 实验步骤

(1) 量出被测表面总长,确定相邻两点之间的距离(节距),按节距 L 调整桥板(见图 6.2)的两圆柱中心距。

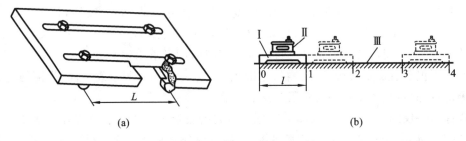

(a) (b)

图 6.2 桥板及测量直线度误差示意图

Ⅰ—桥板;Ⅱ—合像水平仪;Ⅲ—被测对象

(2) 将合像水平仪放于桥板上,然后将桥板依次放在各节距的位置。每放在一个位置上后,要旋转微分筒 9 合像,使放大镜中出现如图 6.1(b)所示的情况,此时即可进行读数。先在放大镜 11 处读数,该读数反映的是螺杆 10 的旋转圈数;微分筒 9(标有 +、- 旋转方向)的读数则是螺杆 10 旋转一圈(100 格)的细分读数;如此顺测(从首点至终点)、回测(由终点至首点)各一次。回测时桥板不能调头,将各测点两次读数的平均值作为该点的测量数据。必须注意,如某测点两次读数相差较大,说明测量情况不正常,应检查原因并加以消除后重测。

(3) 为了作图的方便,最好将各测点的读数平均值同减一个数而得出相对差(见后面的例题)。

（4）根据各测点的相对差，在坐标纸上取点。作图时不要漏掉首点（零点），同时后一测点的坐标位置是以前一点为基准，根据相邻差数所取的。然后连接各点，得出误差折线。

（5）用两条平行直线包容误差折线，其中一条直线必须与误差折线两个最高（最低）点相切，在两切点之间，应有一个最低（最高）点与另一条平行直线相切。这两条平行直线之间的区域才是最小包容区域。从平行于坐标方向画出这两条平行直线间的距离，此距离就是被测表面的直线度误差值 f（格）。

将误差值 f（格）按下式折算成线性值 f（μm），并按国家标准 GB/T 1184—1996 评定被测表面直线度的公差等级。

$$f（微米）=0.01 L f（格）$$

例　用合像水平仪测量一窄长平面的直线度误差，仪器的分度值为 0.01 mm/m，选用的桥板节距 $L=200$ mm，测量直线度记录数据见表 6.1。若被测平面直线度的公差等级为 5 级，用作图法评定该平面的直线度误差是否合格。

解　数据处理的步骤如下。

（1）先将各点的顺测值与回测值取平均值。

（2）简化测量数据。a 值可取任意数值，但要有利于相对差数字的简化，本例取 $a=297$ 格，将表 6.1 填充完整。

表 6.1　测量数据表

测点序号 i		0	1	2	3	4	5	6	7	8
仪器读数 a_i（格）	顺测	—	298	300	290	301	302	306	299	296
	回测	—	296	298	288	299	300	—	297	296
	平均	—	297	299	289	300	301	306	298	296
相对差（格） $\Delta a_i = a_i - a$		0	0	+2	−8	+3	+4	+9	+1	−1

注：表列读数，百分数是从图 6.1 的 11 处读得，十位数是从图 6.1 的 9 处读得。

（3）将相对差中的各点读数格值在直角坐标系中逐一累加描点，如图 6.3 所示。

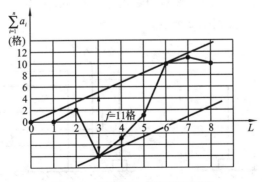

图 6.3　用作图法求直线度误差

（4）求最小包容区：先过 0 点和第 6 点作一直线，再过第 3 点作一平行线。则两条平行线在纵坐标上的载距 11 格，即为该被测件的直线度误差值（格值）。

（5）求该平面的直线度误差的线值：

$$f = 0.01 \times 200 \times 11 \ \mu m = 22 \ \mu m$$

（6）按 GB1184—1996，直线度 5 级公差值为 $25 \ \mu m$。其测量出的误差值小于公差值，所以被测零件直线度误差合格。

实验 7　平行度、垂直度测量实验

1. 实验目的

（1）通过平行度、垂直度的测量，了解定向公差综合控制被测要素方向和形状的能力。

（2）熟悉常规测量的方法，培养操作动手能力。

2. 实验内容

（1）测量面对面的平行度。

（2）测量线对面的平行度。

（3）测量面对面的垂直度。

（4）测量线对线的垂直度。

3. 实验仪器

平板、直角尺、（方箱）、可胀心轴、指示表架、指示表、等高 V 形块。

4. 实验方法

以平板模拟平面基准，可胀心轴模拟孔轴线基准，用直接测量方法，由指示表读数通过简单计算，获得各项测量误差值。

5. 实验步骤

1）面对面的平行度测量

（1）将被测零件放置在平板上，在整个被测表面上按规定测量线进行测量，如图 7.1 所示。

（2）取指示表的最大、最小读数之差作为该零件的平行度误差。

2）线对面的误差测量

（1）将被测零件放置在平板上，被测轴线由心轴模拟，在测量距离为 L_2 的两个位置上测得读数分别为 M_1 和 M_2，如图 7.2 所示。

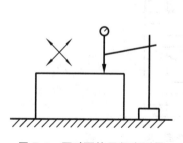

图 7.1　面对面的平行度测量

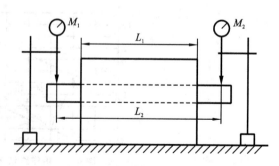

图 7.2　线对面的平行度测量

（2）计算平行度误差：

$$f = \frac{L_1}{L_2} \mid M_1 - M_2 \mid$$

3）面对面的垂直度误差测量

（1）将被测零件放置在平板上，用直角尺测量被测表面，如图 7.3 所示。

（2）间隙小时看光隙估读误差值，间隙大时可用塞规片测量误差值。

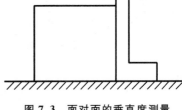

图 7.3　面对面的垂直度测量

4）线对线的垂直度误差测量

（1）基准轴线和被测轴线由心轴模拟，将零件放置在等高 V 形支承上，如图 7.4 所示。

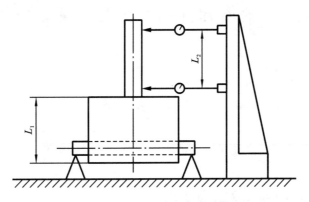

图 7.4　线对线的垂直度测量

（2）在测量距离为 L_2 的两个位置上测得读数值分别为 M_1 和 M_2。

（3）计算垂直度误差：

$$f = \frac{L_1}{L_2} \mid M_1 - M_2 \mid$$

6. 填写测量记录表格（见表 7.1）

表 7.1　平行度、垂直度测量记录

内　容		平　行　度	垂　直　度
面对面	指示表最大值		
	指示表最小值		
	L_1		—
	L_2		—
	误差值 f		
线对面	指示表最大值		—
	指示表最小值		—
	L_1		—
	L_2		—
	误差值 f		—

续表

内 容		平 行 度	垂 直 度
线对线	指示表最大值	—	
	指示表最小值	—	
	L_1	—	
	L_2	—	
	误差值 f	—	

实验8　端面圆跳动和径向全跳动的测量

1. 实验目的

(1) 掌握圆跳动和全跳动误差的测量方法。

(2) 加深对圆跳动和全跳动误差及公差概念的理解。

2. 实验内容

用百分表在跳动检查仪上测量工件的端面圆跳动和径向全跳动。

3. 计量器具

本实验所用仪器有跳动检查仪、百分表。

4. 测量原理

图8.1(a)所示为被测齿轮毛坯简图,齿坯外圆对基准孔轴线 A 的径向全跳动公差值为 t_1,右端面对基准孔轴线 A 的端面圆跳动公差值为 t_2。如图8.1(b)所示,测量时,用心轴模拟基准轴线 A,测量 ϕd 圆柱面上各点到基准轴线的距离,取各点距离中最大差值作为径向全跳动误差;测量右端面上某一圆周上各点至垂直于基准轴线的平面之间的距离,取各点距离的最大差值作为端面圆跳动误差。

5. 测量步骤

(1) 图8.1(b)所示为测量示意图,将被测工件装在心轴上,并安装在跳动检查仪的两

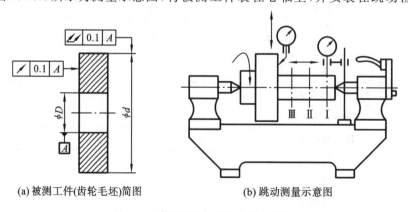

(a) 被测工件(齿轮毛坯)简图　　　　(b) 跳动测量示意图

图8.1　被测工件与测量方法示意图

顶尖之间。

（2）调节百分表,使测头与工件右端面接触,并有1～2圈的压缩量,并且测杆与端面基本垂直。

（3）将被测工件回转一周,百分表记录的最大读数与最小读数之差即为所测直径上的端面圆跳动误差。测量若干直径(可根据被测工件直径的大小适当选取)上的端面圆跳动误差,取其最大值作为该被测要素的端面圆跳动误差 $f(\uparrow)$。

（4）调节百分表,使测头与工件 ϕd 外圆表面接触,测杆穿过心轴轴线并与轴线垂直,且有1～2圈的压缩量。

（5）将被测工件缓慢回转,并沿轴线方向作直线移动,使指示表测头在外圆的整个表面上划过,记下表上指针的最大读数与最小读数。取两读数之差值作为该被测要素的径向全跳动误差 $f(\uparrow\uparrow)$。

（6）根据测量结果,判断合格性。若 $f(\uparrow)\leqslant t_2$,$f(\uparrow\uparrow)\leqslant t_1$,则零件合格。

6．填写测量结果

端面圆跳动和径向全跳动测量

1．测量对象和要求

（1）零件的端面圆跳动公差 $t_2 = $_____ mm。

（2）零件的径向全跳动公差 $t_1 = $_____ mm。

2．测量器具

（1）跳动检查仪。

（2）模拟心轴。

（3）百分表：分度值_____ mm,示值范围_____ mm。

3．测量记录和计算

（1）端面圆跳动。

百分表读数 /mm	M_{1max}	M_{2max}	M_{3max}	M_{4max}	M_{5max}
	M_{1min}	M_{2min}	M_{3min}	M_{4min}	M_{5min}
$M_{imax}-M_{imin}$					

$f(\uparrow)=(M_{imax}-M_{imin})$的最大值＝_____ mm

（2）径向全跳动。

百分表读数/mm	M_{max}		M_{min}	

$f(\uparrow\uparrow)=M_{max}-M_{min}=$_____ mm

4．判断合格性

班级		学生姓名		指导教师签名	

实验 9　位置误差的测量

1. 实验目的

（1）了解位置误差的检测原则和基准的体现方法。

（2）掌握平行度、垂直度、同轴度、对称度误差的测量方法。

（3）学会平台测量工具的操作方法。

2. 实验内容

用平台测量工具测量以下零件的位置误差（见图 9.1）。

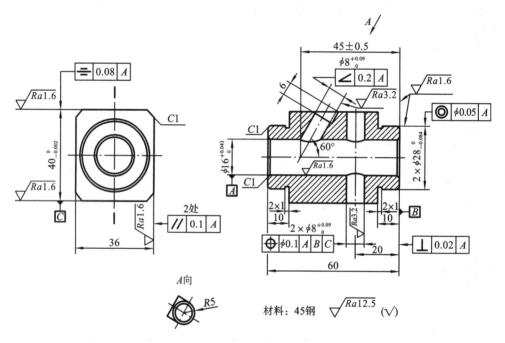

图 9.1　测量零件

3. 测量工具及方法

位置误差分定向误差、定位误差和跳动误差三种。各种位置误差，都是指零件的实际被测要素对其理想要素的变动量。而理想要素是相对于所给定的理想基准要素而言的。在实际测量中，作为各种理想基准要素（简称基准）的点、线（包括中心线、轴线）、面等，可以用模拟法、直接法、分析法和目标法来体现。由于位置误差测量与所测项目，精度要求，零件大小、形状、生产批量及现有仪器及工具等因素有关，因而在遵循设计规定的检测原则的条件下，可以选择各种不同的检测方法。本实验用于位置误差检测的工具主要有两类：一类是用于多数的带指示器的测量架；另一类是体现基准的检测工具，常用的检测工具包括以下几种。

心轴：用于体现基准轴线或被测轴线。当体现被测轴线时，已排除被测要素的形状误差。测量时，形状误差值可由测得值按比例折算。

平板:用于体现基准平面。

角尺:用于体现基准直角。

V 形架:以心轴的最小外接圆(或最大内切圆)作为测量基准圆,测量时用于心轴的定位和紧固。

1) 平行度误差测量

检查内容:距离为 36 mm 的两侧面对孔 $\phi 16^{+0.043}_{0}$ mm 轴线的平行度误差。

合格条件:两侧平面必须位于距离为公差值 0.1 mm,且平行于基准轴线的两平行平面之间。

测量工具:平板、V 形架、带指示器的测量架、心轴。

测量方法:基准轴线由心轴模拟,将心轴两端放在一对 V 形架上,调整(转动)该零件,使上表面(即被侧面)在 36 mm 尺寸方向两端等高,并紧固好,然后测量整个被测表面并记录读数(另一面翻转后按同法测量),取整个测量过程中指示器的最大与最小读数之差作为零件的平行度误差。

测量时应选用与孔成无间隙配合的心轴。

2) 垂直度误差测量

检查内容:零件右端面对孔 $\phi 16^{+0.043}_{0}$ mm 轴线的垂直度误差。

合格条件:右端平面必须位于距离为公差值 0.02 mm,且垂直于基准轴线的两平行平面之间。

测量工具:平板、V 形架、心轴、刀口角尺、塞尺。

测量方法:被测零件的基准轴线由心轴与 V 形架模拟,将心轴两端放在一对 V 形架上。测量时,回转被测零件,根据刀口角尺与被测表面间光隙大小或用塞规检查,取整个平面与刀口角尺的最大间隙为该零件的垂直度误差。

3) 同轴度误差测量

检查内容:两台肩外圆 $\phi 28^{-0}_{-0.084}$ mm 轴线对孔 $\phi 16^{+0.043}_{0}$ mm 轴线的同轴度误差。

合格条件:两台肩外圆 $\phi 28^{-0}_{-0.084}$ mm 轴线必须位于直径为公差值 0.05 mm,且与基准轴线同轴的圆柱面内。

测量工具:平板、V 形架、带指示器的测量架、心轴。

测量方法:基准轴线由心轴与 V 形架体现,将被测零件心轴放置在一对 V 形架上,转动被测零件,并在两台肩外圆上测量若干个截面,取各截面上测得的读数差中的最大值(绝对值)作为该零件的同轴度误差。

4) 对称度误差测量

检查内容:零件厚度为 $40^{-0}_{-0.062}$ mm 的中心平面对孔 $\phi 16^{+0.043}_{0}$ mm 轴线的对称度误差。

合格条件:中心平面必须位于距离为公差值 0.08 mm 的两平面之间,该两平面对称配置在通过基准轴线的辅助平面两侧。

测量工具:平板、V 形架、带指示器的测量架、心轴。

测量方法:基准轴线由心轴模拟,将心轴两端放在一对 V 形架上(V 形架放置在平板上),调整 36 mm 尺寸方向两端为等高,测量被测上表面各点与平板之间的距离。然后,将被测零件翻转,按上述方法测量另一被测表面与平板之间的距离,取测量截面内对应两测点的最大差值为对称度误差。

4. 实验步骤

（1）根据实验内容的要求选取被测工件。

（2）根据被测工件所要求的位置公差项目，决定测量方法，选取测量器具，并拟定出具体的测量步骤。

（3）对指定的位置公差项目进行测量。

（4）在实验报告中绘出测量简图，对照国家标准的相关规定，根据测得数据判断被测工件的合格性。

第3部分　表面粗糙度测量

实验 10　用干涉显微镜测量表面粗糙度 Rz

1. 实验目的

(1) 了解干涉显微镜的结构及其测量原理。

(2) 掌握仪器的使用和操作方法。

(3) 掌握用干涉显微镜测量轮廓的最大高度 Rz 的方法。

2. 实验仪器

6JA 干涉显微镜、被测零件。

3. 实验内容

用干涉显微镜测量零件表面的 Rz 值。

4. 测量原理

如图 10.1 所示，从光源 1 发出的光束经聚光镜 2 变成平行光束，由反光镜 3 转向后，经分光板 7 分成两路：一路透过分光板 7 经补偿板 9、物镜 10 射向被测工件表面 A_2，并从工件表面反射后经原路返回至分光板 7；另一路由分光板 7 反射后通过物镜 8 射向标准镜 A_1，再由标准镜 A_1 的镜面反射后通过物镜 8 至分光板 7，在此它与第一路光线相通，产生干涉，此干涉条纹经转向棱镜 12、目镜组 14，射向观察目镜，在目镜视野中可以看到这种明暗相间的干涉条纹（见图 10.2）。若被测工件表面的微观平面性很好，则所得的是一组平行的等厚干

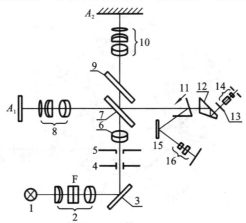

图 10.1　6JA 型干涉显微镜的光学系统

1—光源；2—聚光镜；3,11,15—反光镜；4—孔径光阑；5—视场光阑；6—照明物镜；
7—分光板；8,10—物镜；9—补偿板；12—转向棱镜；13—分划板；14—目镜；16—摄影物镜

涉条纹(见图10.3),若被测表面粗糙不平,干涉条纹即成弯曲形状(见图10.2)。由于被测表面有微小的峰谷存在,峰谷处的光程不一样,造成干涉条纹的弯曲。根据光波干涉原理,在光程差每相差半个波长($\lambda/2$)处即产生一个干涉条纹。因此,只要测出干涉条纹的弯曲量 a 与两相邻干涉条纹之间的距离 b(它代表这两个干涉条纹间距相差 $\lambda/2$),如光波波长为 λ,则被测工件表面的轮廓的最大高度为

$$h = \frac{a}{b} \cdot \frac{\lambda}{2}$$

式中:λ——测量中的光波波长。

按 R_z 的定义,应在 n 个取样长度内,取 h 的最大值来计算评定 R_z 值。

 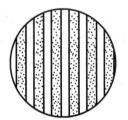

图 10.2　干涉条纹　　　　　　　　　　　图 10.3　等厚干涉条纹

5. 实验步骤

1)仪器调整

测量之前,首先要做仪器调整,仪器调整的过程如下。

(1)如图10.4所示,接通电源,使光源7处的灯泡亮。转动手轮3使连通至目镜的光路(另一通路是至照相机),转动手轮15,使光路中的遮光板从光路中移开,此时从目镜1中可看到明亮的视场。如果视场亮度不均匀,可转动螺钉6,调节灯泡的位置使视场亮度均匀。

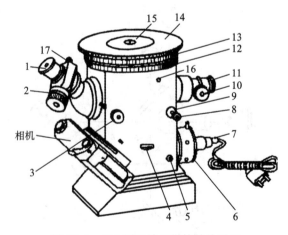

图 10.4　6JA 型干涉显微镜的外形图

1—目镜;2—测微鼓轮;3,4,8,9,10,15—手轮;5—手柄;6—螺钉;7—光源;
11,12,13—滚花轮;14—工作台;16,17—锁紧螺钉

（2）转动手轮 9，使目镜视场中弓形直边清晰，如图 10.5 所示。

（3）松开螺钉 17，取下测微目镜 1，直接从目镜管中观察，可以看到两个灯丝像。转动手轮 4，使孔径光阑开至最大。转动手轮 8，使两个灯丝像完全重合，同时调节螺钉 6，使灯丝像位于孔径光阑中央，如图 10.5 所示，然后装上测微目镜，旋紧螺钉 17。

（4）在工作台 14 上放置好洗干净的被测工件。被测表面向下，对准物镜。转动手轮 15，使遮光板遮去光路中的参考标准镜。转动滚花轮 13 使工作台在任意方向移动，确定测量面位置，转动滚花轮 11，使工作台升降直到目镜视场中观察到清晰的工件表面影像为止，再转动手轮 15，使遮光板从光路中移开。

（5）在精密测量中，通常采用光波波长稳定的单色光（本仪器用的是绿光），此时应将手柄 5 向左推到底，使图中的滤色片插入光路。当被测表面粗糙度数值较大而加工痕迹又不很规则时，干涉条纹将呈现出急剧的弯曲和断裂现象，这时向右推动手柄，采用白光，因为白光干涉成彩色条纹，其中零次干涉条纹可清晰地显示出条纹的弯曲情况，便于观察和测量。如在目镜中看不到干涉条纹，可慢慢转动手轮 10 直到出现清晰的干涉条纹为止。

（6）转动手轮 8、9 以及滚花轮 11，可以得到所需的干涉条纹亮度和宽度。

（7）转动滚花轮 12，转动工作台，使加工痕迹的方向与干涉条纹垂直。

（8）松开螺钉 17，转动测微目镜 1，使视场中的十字刻线之一与干涉条纹平行，如图 10.5 所示，然后拧紧螺钉 17，此时即可进行具体的测量工作。

2）测量

在此仪器上，表面粗糙度可以用以下方法测量。

（1）转动测微目镜的测微鼓轮 2，使视场中与干涉条纹平行的十字线中的一条线对准一条干涉条纹峰顶中心，如图 10.5 所示。这时在测微器上的读数为 L_1，然后再对准相邻的另一条干涉条纹峰顶中心，读数为 L_2，（$L_1 - L_2$）即为干涉条纹间距 b。为提高测量精度，最好在不同位置测量多个条纹间距值，取其平均值。

（2）对准一条干涉条纹峰顶中心，读数为 L_1，移动十字线，对准同一条干涉条纹谷底中心，读数为 L_3。（$L_1 - L_3$）即为干涉条纹弯曲量 a，如图 10.6 所示。

（3）利用公式 $h = \dfrac{a}{b} \cdot \dfrac{\lambda}{2}$，求得 h 及轮廓的最大高度 R_z 的数值，R_z 通常是在 5 个取样长度中计算出的 h 的最大值。

（4）切断电源、清洗仪器、整理现场。

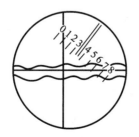

图 10.5　活动分划板上的十字线与光带中心平行

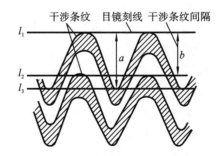

图 10.6　干涉条纹间距

实验 11 用粗糙度仪测量表面粗糙度

1. 实验目的

(1) 了解袖珍式表面粗糙度测量仪的测量原理。

(2) 掌握袖珍式表面粗糙度测量仪的使用和操作方法。

(3) 掌握用袖珍式表面粗糙度测量仪测量表面粗糙度的工作过程。

2. 实验仪器

袖珍式表面粗糙度测量仪。

3. 实验内容

(1) 掌握用袖珍式表面粗糙度测量仪测量零件表面粗糙度 Ra、Rz 的值。

(2) 对比粗糙度样板验证测量量值。

4. 测量原理及计量器具说明

1) 袖珍式表面粗糙度测量仪概述

袖珍式表面粗糙度测量仪是专用于测量被加工零件表面粗糙度的新型智能化仪器,外

形如图 11.1 所示。该仪器具有测量精度高、测量范围宽、操作简便、便于携带、工作稳定等特点,可以广泛应用于各种金属与非金属的加工表面的检测。该仪器是传感器与主机一体化的袖珍式仪器,具有手持式特点,更适宜在生产现场使用。袖珍式表面粗糙度测量仪适用于加工业、制造业、检测、商检等部门,尤其适用于大型工件及生产流水线的现场检验,以及检测、计量等部门的外出检验。

(1) 功能特点。袖珍式表面粗糙度测量仪集微处理器技术和传感技术于一体,以先进的微处理器和优选的高度集成化的电路设计,构成适应当今仪器发展趋势的超小型的体系结构,完

**图 11.1 袖珍式表面粗糙度
测量仪外形**

成粗糙度参数的采集、处理和显示工作。不仅可测量外圆、平面、锥面,还可测量长宽大于 80 mm×30 mm 的沟槽。并具有以下功能:可选择测量参数 Ra、Rz,可选择取样长度,具有校准功能,自动检测电池电压并报警,且有充电功能,可边充电边工作。

(2) 主要技术参数如下。

测量参数:Ra、Rz。

测量范围:Ra 0.05～10 μm,Rz 0.1～50 μm

取样长度:0.25 mm、0.8 mm、2.5 mm

评定长度:1.25 mm、4 mm、5 mm

扫描长度:6 mm

示值误差:≤±15%

示值变动性:<12%

传感器类型:压电晶体

电源:3.6 V×2,镉镍电池

工作温度:0～40 ℃

质量:200 g

外形尺寸:125 mm×73 mm×26 mm

2) 结构特点

袖珍式表面粗糙度测量仪采用优化的电路设计及传感器结构设计,将电箱、驱动器及显示部分合为一体,达到高度集成化,其主机结构如图 11.2 所示。仪器结构简单、操作方便,清晰的液晶显示取代了指针读数。

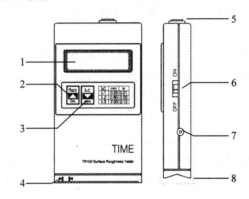

图 11.2　袖珍式表面粗糙度仪主机外形结构

1—液晶屏幕;2—选择键 1;3—选择键 2;4—测试区域;
5—启动按钮;6—电源开关;7—充电插口;8—测头保护盖

3) 仪器工作原理

测量工件表面粗糙度时,将袖珍式表面粗糙度仪的传感器放在工件被测表面上,传感器在驱动器的驱动下沿被测表面作匀速直线运动,其垂直于工作表面的触针,随工作表面的微观起伏作上下运动,并产生位移,该位移使传感器电感线圈的电感量发生变化,从而在相敏整流器的输出端产生与被测表面粗糙度成比例的模拟信号,该信号经过放大及电平转换之后进入数据采集系统,DSP 芯片将采集的数据进行数字滤波和参数计算,经 A/D 转换为数字信号,再经 CPU 处理后,计算出 Ra、Rz 值并显示。得出的测量结果可直接在液晶显示器上读出,也可在打印机上输出,还可以与 PC 机进行通信,其原理如图 11.3 所示。

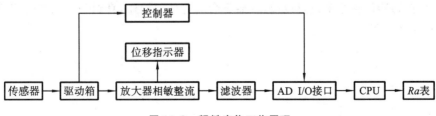

图 11.3　粗糙度仪工作原理

5. 实验步骤

1) 仪器校准

当发现仪器测值偏差大时,可用标准样板对仪器进行校准。可用于校准的标准样板为 $Ra0.1\sim10~\mu m$。具体方法为:在米制、关机状态下按住 ⬛ 键,同时打开电源开关,听到"嘀"的一声后,松开 ⬛ 键,此时进入校准状态,在屏幕左上方显示"CAL",数值部分显示随机校准样板的 Ra 值。假如你使用另外的校准样板,那么按住 ⬛ 键,使 Ra 值递增,或按住 ⬛ 键,使 Ra 值递减,直到显示你所使用的标准样板 Ra 值。接着,将仪器置于该样板上,按下启动键,在"嘀、嘀"两声之后,校准结束,屏幕显示校准后的 Ra 测量值(此时,新的标准样板值将取代旧的标准样板 Ra 值并存入仪器)。待传感器回到起始位置后,可以进行正常测量。

标准样板的选择,推荐选用值为 $Ra~2.0\sim4.5\mu m$ 的样板,用户也可根据自身常用的测量范围选择样板;在进入校准功能后,如要放弃校准,则可以直接关机。在校准后,显示"－E－"则表示校准超限,此次校准失败。此时可重新调整 Ra 值,再次进行校准。用户根据自身常用的测量范围,选择样板进行校准,可显著提高测量精度。

2) 测量步骤

(1) 打开电源,屏幕全屏显示,在"嘀"的一声后,进入测量状态。测量参数,取样长度将保持上次关机前的状态。用户在启动传感器前,应选择好所关心的测量参数 Ra 及合适的取样长度 $2.5~\mu m$、$0.8~\mu m$ 或 $0.25~\mu m$(取样长度的选择请参考标准)。开机后,轻触 ⬛ 键选择测量参数 Ra,轻触 ⬛ 键将依次选择 0.25、0.8、2.5 各挡。选择好测量参数以及取样长度后,便可以测量了。将仪器 ▶ ◀ 部位对准被测区域,轻按启动键,传感器移动,在"嘀、嘀"两声后,测量结束,屏幕显示测量值。

(2) 按 ⬛ 键切换至 Rz 挡进行测量。

(3) 对比粗糙度样板,对测量量值进行验证。

(4) 记录测量数据,完成实验报告。

(5) 测量完毕,要及时关掉电源,将仪器的保护盖轻轻盖好。

3) 注意事项

(1) 在传感器移动过程中,尽量做到使置于工件表面的仪器放置平稳,以免影响该仪器的测量精度。

(2) 在传感器回到原来位置以前,仪器不会响应任何操作,直到一次完整的测量过程以后,才允许再次测量。

第4部分 螺纹测量

实验12 用影像法测量螺纹主要参数

1. 实验目的

（1）了解工具显微镜的测量原理及结构特点。

（2）熟悉用大型（或小型）工具显微镜测量外螺纹主要参数的方法。

2. 实验内容

用大型或小型工具显微镜测量螺纹塞规的中径、牙型半角和螺距。

3. 测量原理及计量器具说明

工具显微镜可用于测量螺纹量规、螺纹刀具、齿轮滚刀以及样板等。它分为小型、大型、万能和重型等四种形式。它们的测量精度和测量范围虽各不相同，但基本原理是相似的。下面以大型工具显微镜为例，阐述用影像法测量中径、牙型半角和螺距。

图 12.1 所示为大型工具显微镜的外形图，它主要由目镜 1、工作台 5、底座 7、支座 12、立柱 13、悬臂 14 和千分尺 6、10 等部分组成。转动手轮 11，可使立柱绕支座左右摆动，转动千分尺 6 和 10，可使工作台纵、横向移动，转动手轮 8，可使工作台绕轴心线旋转。

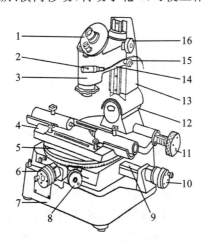

图 12.1 大型工具显微镜外形

1—目镜；2—反射照明灯；3—显微镜管；4—顶针架；5—工作台；6—横向千分尺；7—底座；

8,11—手轮；9—块规；10—纵向千分尺；12—支座；13—立柱；14—悬臂；15—锁紧螺钉；16—手柄

仪器的光学系统如图 12.2 所示。由主光源 1 发出的光经聚光镜 2、滤色片 3、透镜 4、光阑 5、反射镜 6、透镜 7 和玻璃工作台 8，将被测工件 9 的轮廓经物镜 10、反射棱镜 11 投射到目镜的焦平面 13 上，从而在目镜 15 中观察到放大的轮廓影像。另外，也可用反射光源，照

亮被测工件,以工件表面上的反射光线,经物镜 10、反射棱镜 11 投射到目镜的焦平面 13 上,同样在目镜 15 中观察到放大的轮廓影像。

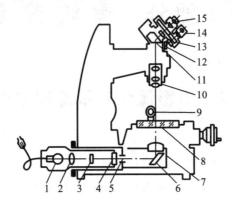

图 12.2 工具显微镜的光学系统图

1—光源;2—聚光镜;3—滤色片;4,7—透镜;5—光阑;6—反射镜;8—工作台;
9—被测工件;10—物镜;11—反射棱镜;12—玻璃分划板;13—焦平面;14,15—目镜

图 12.3(a)所示为仪器的目镜外形图,它由玻璃分划板、中央目镜、角度读数目镜、反射镜和手轮等组成。目镜的结构原理如图 12.3(b)所示,从中央目镜可观察到被测工件的轮廓影像和分划板的米字刻线,如图 12.3(c)所示。从角度读数目镜中,可以观察到分划板上 $0°\sim360°$ 的度值刻线和固定游标分划板上 $0'\sim60'$ 的分值刻线,如图 12.3(d)所示。转动手轮,可使刻有米字刻线和度值刻线的分划板转动,它转过的角度,可从角度读数目镜中读出。当该目镜中固定游标的零刻线与度值刻线的零位对准时,则米字刻线中间 A—A 虚线正好垂直于仪器工作台的纵向移动方向。

4. 测量步骤

(1)擦净仪器及被测螺纹,将工件小心地安装在两顶尖之间,拧紧顶尖的固紧螺钉(要当心工件掉下砸坏玻璃工作台)。同时,检查工作台圆周刻度是否对准零位。

(2)接通电源。

(3)用调焦筒(仪器专用附件)调节主光源 1(见图 12.2),旋转主光源外罩上的三个调节螺钉,直至灯丝位于光轴中央成像清晰,则表示灯丝已位于光轴上并在聚光镜 2 的焦点上。

(4)根据被测螺纹尺寸,从仪器说明书中,查出适宜的光阑直径,然后调好光阑的大小。

(5)旋转手轮 11(见图 12.1),按被测螺纹的螺旋升角 ψ,调整立柱 13 的倾斜度。

(6)调整目镜 14、15 上的调节环(见图 12.2),使米字刻线和度值、分值刻线清晰。松开螺钉 15(见图 12.1),旋转手柄 16,调整仪器的焦距,使被测轮廓影像清晰(若要求严格,可用专用的调焦棒在两顶尖中心线的水平面内调焦),然后,旋紧螺钉 15。

(7)测量螺纹主要参数。

① 测量中径。螺纹中径 d_2 是指螺纹截成牙凸和牙凹宽度相等并和螺纹轴线同心的假想圆柱面直径。对于单线螺纹,它是中径也等于在轴截面内,沿着与轴线垂直的方向量得的两个相对牙形侧面间的距离。

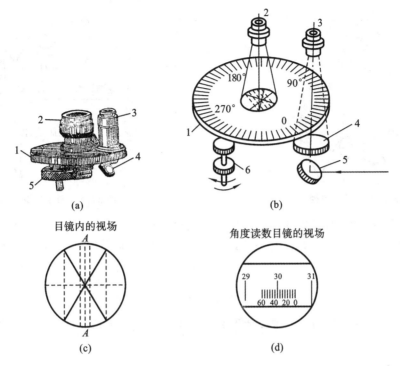

图 12.3　工具显微镜的目镜

1—玻璃分隔板；2—中央目镜；3—角度读数目镜；4—角度固定游标；5—反射镜；6—手轮

为了使轮廓影像清晰,需将立柱顺着螺旋线方向倾斜一个螺旋升角 ψ,其值为

$$\tan\psi = \frac{nP}{\pi d_2} \tag{12.1}$$

式中：P——螺纹螺距(mm)；

　　　d_2——螺纹中径理论值(mm)；

　　　n——螺纹线数。

测量时,转动纵向千分尺 10 和横向千分尺 6(见图 12.1),以移动工作台,使目镜中的 $A—A$ 虚线与螺纹投影牙形的一侧重合(见图 12.4),记下横向千分尺的第一次读数。然后,将显微镜立柱反向倾斜螺旋升角 ψ,转动横向千分尺,使 $A—A$ 虚线与对面牙形轮廓重合(见图 12.4),记下横向千分尺第二次读数。两次读数之差,即为螺纹的实际中径。为了消除被测螺纹安装误差的影响,须测 $d_{2左}$ 和 $d_{2右}$,取两者的平均值作为实际中径,即

$$d_{2实际} = \frac{d_{2左} + d_{2右}}{2} \tag{12.2}$$

② 测量牙型半角。螺纹牙型半角 $\frac{\alpha}{2}$ 是指在螺纹牙形上,牙侧与螺纹轴线的垂线间的夹角。

测量时,转动纵向和横向千分尺并调节手轮(见图 12.3),使目镜中的 $A—A$ 虚线与螺纹投影牙形的某一侧面重合(见图 12.5)。此时,角度读数目镜中显示的读数,即为该牙侧的半角数值。

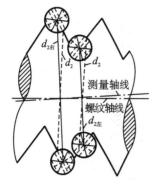

图 12.4 测量中径

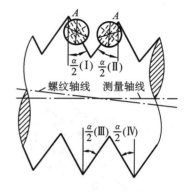

图 12.5 测量牙型半角

在角度读数目镜中,当角度读数为 0 时,则表示 $A—A$ 虚线垂直于工作台纵向轴线,如图 12.6(a)所示。当 $A—A$ 虚线与被测螺纹牙形一边对准时,如图 12.6(b)所示,得该半角的数值为

$$\frac{\alpha}{2}(右)=360°-330°4'=29°56'$$

同理,当 $A—A$ 虚线与被测螺纹牙形另一边对准时,如图 12.6(c)所示,则得另一半角的数值为

$$\frac{\alpha}{2}(左)=30°8'$$

为了消除被测螺纹的安装误差的影响,需分别测出 $\frac{\alpha}{2}$(Ⅰ)、$\frac{\alpha}{2}$(Ⅱ)、$\frac{\alpha}{2}$(Ⅲ)、$\frac{\alpha}{2}$(Ⅳ),并按下述方式处理:

$$\frac{\alpha}{2}(左)=\frac{\frac{\alpha}{2}(Ⅰ)+\frac{\alpha}{2}(Ⅳ)}{2}$$

$$\frac{\alpha}{2}(右)=\frac{\frac{\alpha}{2}(Ⅱ)+\frac{\alpha}{2}(Ⅲ)}{2}$$

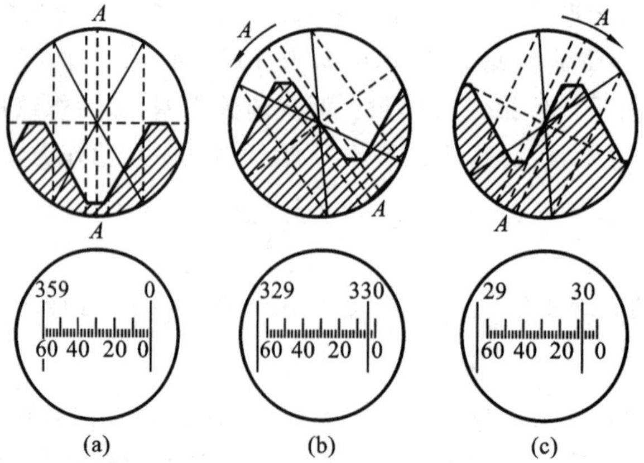

(a)	(b)	(c)

图 12.6 角度读数目镜

将它们与牙形半角公称值 $\frac{\alpha}{2}$ 比较,则得牙形半角偏差为

$$\Delta\frac{\alpha}{2}(左)=\frac{\alpha}{2}(左)-\frac{\alpha}{2}$$

$$\Delta\frac{\alpha}{2}(右)=\frac{\alpha}{2}(右)-\frac{\alpha}{2}$$

$$\Delta\frac{\alpha}{2}=\frac{\left|\Delta\frac{\alpha}{2}(左)\right|+\left|\Delta\frac{\alpha}{2}(右)\right|}{2}$$

为了使轮廓影像清晰,测量牙形半角时,同样要使立柱倾斜一个螺旋升角 ψ。

③测量螺距。螺距 P 是指相邻两牙在中线上对应两点的轴向距离。

测量时,转动纵向和横向千分尺,以移动工作台,利用目镜中的 $A\text{—}A$ 虚线与螺纹投影牙型的一侧重合,记下纵向千分尺第一次读数。然后,移动纵向工作台,使牙型纵向移动几个螺距的长度,以同侧牙型与目镜中的 $A\text{—}A$ 虚线重合,记下纵向千分尺第二次读数。两次读数之差,即为 n 个螺距的实际长度(见图 12.7)。

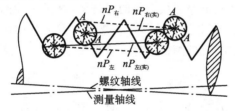

图 12.7　测量螺距 P

为了消除被测螺纹安装误差的影响,同样要测量出 $nP_{左(实)}$ 和 $nP_{右(实)}$。然后,取它们的平均值作为螺纹 n 个螺距的实际尺寸,即

$$nP_实=\frac{nP_{左(实)}+nP_{右(实)}}{2}$$

n 个螺距的累积偏差为

$$\Delta P=nP_实-nP$$

(8)按图样给定的技术要求,判断被测螺纹塞规的适用性。

实验 13　外螺纹中径的测量

1. 实验目的

熟悉测量外螺纹中径的原理和方法。

2. 实验内容

(1)用螺纹千分尺测量外螺纹中径。

(2)用三针测量外螺纹中径。

3. 测量原理及计量器具说明

1)用螺纹千分尺测量外螺纹中径

图 13.1 为螺纹千分尺的外形图。它的构造与外径千分尺基本相同,只是在测量砧和测

量头上另装有特殊的测量头 1 和 2,用它来直接测量外螺纹的中径。螺纹千分尺的分度值为 0.01 mm。测量前,用尺寸样板 3 来调整零位。每对测量头只能测量一定螺距范围内的螺纹,螺纹千分尺的分度值为 0.01 mm,测量范围有 0~25 μm、25~75 μm、75~100 μm 等,使用时根据被测螺纹的螺距大小来选择,测量时由螺纹千分尺直接读出螺纹中径的实际尺寸。

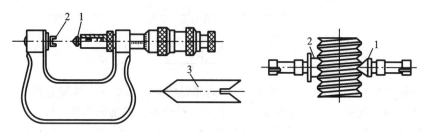

图 13.1　螺纹千分尺外形

1,2—测量头;3—尺寸样板

2) 用三针测量外螺纹中径

图 13.2 所示为用三针测量外螺纹中径的原理图,这是一种间接测量螺纹中径的方法。测量时,将三根精度很高、直径相同的量针放在被测螺纹的牙凹中,用测量外尺寸的计量器具如千分尺、机械比较仪、光较仪、测长仪等测量出尺寸 M。再根据被测螺纹的螺距 P、牙形半角 $\frac{\alpha}{2}$ 和量针直径 d_m,计算出螺纹中径 d_2。由图 13.2 可知

$$d_2 = M - 2AC = M - 2(AD - CD)$$

而

$$AD = AB + BD = \frac{d_m}{2} + \frac{d_m}{2\sin\frac{\alpha}{2}} = \frac{d_m}{2}\left(1 + \frac{1}{\sin\frac{\alpha}{2}}\right)$$

$$CD = \frac{P\cot\frac{\alpha}{2}}{4}$$

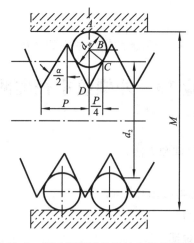

图 13.2　用三针测量外螺纹中径的原理图

将 AD 和 CD 值代入上式,得

$$d_2 = M - d_m \left(1 + \frac{1}{\sin \frac{\alpha}{2}}\right) + \frac{P}{2}\cot\frac{\alpha}{2}$$

对于公制螺纹,$\alpha = 60°$,则

$$d_2 = M - 3d + 0.866P$$

为了减少螺纹牙形半角偏差对测量结果的影响,应选择合适的量针直径,该量针与螺纹牙形的切点恰好位于螺纹中径处。此时所选择的量针直径 d_m 为最佳量针直径。由图 13.3 可知

$$d_m = \frac{P}{2\cos\frac{\alpha}{2}}$$

对于公制螺纹,$\alpha = 60°$,则

$$d_m = 0.577P$$

在实际工作中,如果成套的三针中没有所需的最佳量针直径时,则可选择与最佳量针直径相近的三针来测量。

量针的精度分成 0 级和 1 级两种:0 级用于测量中径公差为 4~8 μm 的螺纹塞规;1 级用于测量中径公差大于 8 μm 的螺纹塞规或螺纹工件。

测量 M 值所用的计量器具的种类很多,通常根据工件的精度要求来选择。本实验采用杠杆千分尺来测量(见图 13.4)。杠杆千分尺的测量范围有 0~25 mm、25~50 mm、50~75 mm、75~100 mm 四种,分度值为 0.002 mm。它有一个固定量砧 1,其移动量由指示表 7 读出。测量前将尺体 5 装在尺座上,然后校对千分尺的零位,使刻度套管 3、微分筒 4 和指示表 7 的示值都分别对准零位。测量时,当被测螺纹放入或退出两个量砧之间时,必须按下右侧的按钮 8 使量砧离开,以减少量砧的磨损。在指示表 7 上装有两个指针 6,用来确定被测螺纹中径上、下偏差的位置,以提高测量效率。

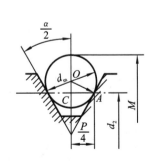

图 13.3　选择合适的量针直径

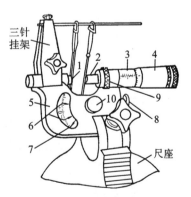

图 13.4　杠杆千分尺

1—固定量砧;2—活动量砧;3—刻度套管;4—微分筒;5—尺架;
6—指针;7—指示表;8—按钮;9—活动量砧锁紧环;10—罩盖

4. 测量步骤

1）用螺纹千分尺测量外螺纹中径

（1）根据被测螺纹的螺距，选取一对测量头。

（2）擦净仪器和被测螺纹，校正螺纹千分尺零位。

（3）将被测螺纹放入两测量头之间，找正中径部位。

（4）分别在同一截面相互垂直的两个方向上测量螺纹中径，取它们的平均值作为螺纹的实际中径，然后判断被测螺纹中径的适用性。

2）用三针测量外螺纹中径

（1）根据被测螺纹的螺距，计算并选择最佳量针直径 d_m。

（2）在尺座上安装好杠杆千分尺和三针。

（3）擦净仪器和被测螺纹，校正仪器零位。

（4）将三针放入螺纹牙凹中，旋转杠杆千分尺的微分筒 4，使两端测量头 1、2 与三针接触，然后读出尺寸 M 的数值。

（5）在同一截面相互垂直的两个方向上测出尺寸 M，并按平均值用公式计算螺纹中径，然后判断螺纹中径的适用性。

第5部分 齿轮测量

实验14 齿轮齿厚偏差测量

1. 实验目的

（1）掌握测量齿轮齿厚的方法。

（2）加深理解齿轮齿厚偏差的定义。

2. 实验内容

用齿轮游标尺测量齿轮的齿厚偏差。

3. 测量原理及计量器具说明

齿厚偏差 ΔE_s 是指在分度圆柱面上，法向齿厚的实际值与公称值之差。图14.1所示为测量齿厚偏差的齿轮游标尺。它是由两套相互垂直的游标尺组成。垂直游标尺用于测量所测部位（分度圆至齿顶圆）的弦齿高 h_f，水平游标尺用于测量所测部位（分度圆）的弦齿厚 $s_{f(实际)}$。齿轮游标尺的分度值为 0.02 mm，其原理和读数方法与普通游标尺相同。

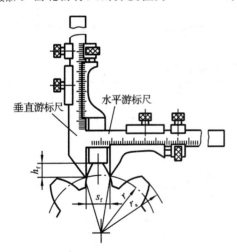

图14.1 测量齿轮偏差的齿轮游标卡尺

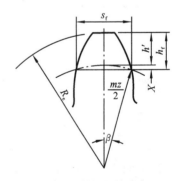

图14.2 测量齿厚偏差

用齿轮游标尺测量齿厚偏差，是以齿顶圆为基础。当齿顶圆直径为公称值时，由图14.2可得直齿圆柱齿轮分度圆处的弦齿高 h_f 和弦齿厚 s_f 为

$$h_f = h' + x = m + \frac{zm}{2}\left[1 - \cos\frac{90°}{z}\right] \tag{14.1}$$

$$s_f = zm\sin\frac{90°}{z} \tag{14.2}$$

式中：m——齿轮模数（mm）；

z——齿轮齿数。

当齿轮为变位齿轮且齿顶圆直径有误差时,分度圆处的弦齿高 h_f 和弦齿厚 s_f 应按下式计算:

$$h_f = m + \frac{zm}{2}\left[1 - \cos\left(\frac{\pi + 4\xi\tan\alpha_f}{2z}\right)\right] - (R_e - R'_e) \tag{14.3}$$

$$s_f = zm\sin\left[\frac{\pi + 4\xi\sin\alpha_f}{2z}\right] \tag{14.4}$$

式中:ξ——移距系数;

　　　α_f——齿形角;

　　　R_e——齿顶圆半径的公称值;

　　　R'_e——齿顶圆半径的实际值。

4. 测量步骤

(1) 用外径千分尺测量齿顶圆的实际直径。

(2) 计算分度圆处弦齿高 h_f 和弦齿厚 s_f(可从表 14.1 查出)。

(3) 按 h_f 值调整齿轮游标尺的垂直游标尺。

(4) 将齿轮游标尺置于被测齿轮上,使垂直游标尺的高度尺与齿顶相接触。然后,移动水平游标尺的卡脚,使卡脚靠紧齿廓。从水平游标尺上读出弦齿厚的实际尺寸(用透光法判断接触情况)。

(5) 分别在圆周上间隔相同的几个轮齿上进行测量。

(6) 按齿轮图样标注的技术要求,确定齿厚的上偏差 E_{sns} 和下偏差 E_{sni},判断被测齿厚的适用性。

表 14.1　$m=1$ 时分度圆弦齿高和弦齿厚的数值

z	$z\sin\dfrac{90°}{z}$	$1+\dfrac{z}{2}\left(1-\cos\dfrac{90°}{z}\right)$	z	$z\sin\dfrac{90°}{z}$	$1+\dfrac{z}{2}\left(1-\cos\dfrac{90°}{z}\right)$	z	$z\sin\dfrac{90°}{z}$	$1+\dfrac{z}{2}\left(1-\cos\dfrac{90°}{z}\right)$
11	1.5655	1.0560	29	1.5700	1.0213	47	1.5705	1.0131
12	1.5663	1.0513	30	1.5701	1.0205	48	1.5705	1.0128
13	1.5669	1.0474	31	1.5701	1.0199	49	1.5705	1.0126
14	1.5673	1.0440	32	1.5702	1.0193	50	1.5705	1.0124
15	1.5679	1.0411	33	1.5702	1.0187	51	1.5705	1.0121
16	1.5683	1.0385	34	1.5702	1.0181	52	1.5706	1.0119
17	1.5686	1.0363	35	1.5703	1.0176	53	1.5706	1.0116
18	1.5688	1.0342	36	1.5703	1.0171	54	1.5706	1.0114
19	1.5690	1.0324	37	1.5703	1.0167	55	1.5706	1.0112
20	1.5692	1.0308	38	1.5703	1.0162	56	1.5706	1.0110
21	1.5693	1.0294	39	1.5704	1.0158	57	1.5706	1.0108
22	1.5694	1.0280	40	1.5704	1.0154	58	1.5706	1.0106
23	1.5695	1.0268	41	1.5704	1.0150	59	1.5706	1.0104

续表

z	$z\sin\dfrac{90°}{z}$	$1+\dfrac{z}{2}\left(1-\cos\dfrac{90°}{z}\right)$	z	$z\sin\dfrac{90°}{z}$	$1+\dfrac{z}{2}\left(1-\cos\dfrac{90°}{z}\right)$	z	$z\sin\dfrac{90°}{z}$	$1+\dfrac{z}{2}\left(1-\cos\dfrac{90°}{z}\right)$
24	1.5696	1.0257	42	1.5704	1.0146	60	1.5706	1.0103
25	1.5697	1.0247	43	1.5705	1.0143	61	1.5706	1.0101
26	1.5698	1.0237	44	1.5705	1.0140	62	1.5706	1.0100
27	1.5698	1.0228	45	1.5705	1.0137	63	1.5706	1.0098
28	1.5699	1.0220	46	1.5705	1.0134	64	1.5706	1.0096

注：对于其他模数的齿轮，则将表中的数值乘以模数。

实验 15　齿轮单个齿距偏差与齿距累积总偏差的测量

1. 实验目的

(1) 熟悉测量齿轮单个齿距偏差与齿距累积总偏差的方法。

(2) 加深理解单个齿距偏差与齿距累积总偏差的定义。

2. 实验内容

(1) 用周节仪或万能测齿仪测量圆柱齿轮齿距相对偏差。

(2) 用列表计算法或作图法求解齿距累积总偏差。

3. 测量原理及计量器具说明

单个齿距偏差 f_{pt} 是指在分度圆上，实际齿距与公称齿距之差（用相对法测量时，公称齿距是指所有实际齿距的平均值）。齿距累积总偏差 F_p 是指在分度圆上，任意两个同侧齿面间的实际弧长与公称弧长之差的最大绝对值，即最大齿距累积偏差（F_{pmax}）与最小齿距累积偏差（F_{pmin}）之代数差。

在实际测量中，通常采用某一齿距作为基准齿距，测量其余的齿距对基准齿距的偏差。然后，通过数据处理来求解单个齿距偏差 f_{pt} 和齿距累积总偏差 F_p。测量应在齿高中部同一圆周上进行，这就要求保证测量基准的精度。而齿轮的测量基准可选用齿轮的内孔、齿顶圆和齿根圆。为了使测量基准与装配基准一致，以内孔定位最好。用齿顶圆定位时，必须控制齿顶圆对内孔的轴线的径向跳动。在生产中，根据所用量具的结构来确定测量基准。

用相对法测量齿距相对偏差的仪器有周节仪和万能测齿仪。

1) 用手持式周节仪测量

图 15.1 所示为手持式周节仪的外形图，它以齿顶圆作为测量基准，指示表的分度值为 0.005 mm，测量范围为模数在 3～15 mm 范围内的齿轮。

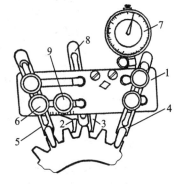

图 15.1　手持式周节仪

1—支承板；2,3—测量爪；
4,5—定位脚；6,9—螺钉
7—指示表；8—辅助定位脚

周节仪有 4、5 和 8 三个定位脚,用以支承仪器。测量时,调整定位脚的相对位置,使测量爪 2 和 3 在分度圆附近与齿面接触。固定测量爪 2 按被测齿轮模数来调整位置,活动测量爪 3 则与指示表 7 相连。测量前,将两个定位脚 4、5 前端的定位爪紧靠齿轮端面,并使它们与齿顶圆接触,再用螺钉 6 紧固。然后将辅助定位脚 8 也与齿顶圆接触,同样用螺钉固紧。以被测齿轮的任一齿距作为基准齿距,调整指示表 7 的零位,并且把指针压缩 1～2 圈。然后,逐齿测量其余的齿距,指示表读数即为这些齿距与基准齿距之差,将测得的数据记入表中。

2) 用万能测齿仪测量

万能测齿仪是应用比较广泛的齿轮测量仪器,除可测量圆柱齿轮的齿距、基节、齿圈径向跳动和齿厚外,还可以测量圆锥齿轮和蜗轮。其测量基准是齿轮的内孔。

图 15.2 所示为万能测齿仪外形图。仪器的内、外弧形架 9、10 可绕基座 1 的垂直轴心线旋转,安装被测齿轮心轴的顶尖装在弧形架上,支架 2 可以在水平面内作纵向和横向移动,工作台装在支架 2 上,工作台上装有能够作径向移动的滑板 4,借锁紧装置 3 可将滑板 4 固定在任意位置上,当松开锁紧装置 3,靠弹簧的作用,滑板 4 能匀速地移到测量位置,这样就能进行逐齿测量。测量装置 5(见图 15.3)上有指示表 2,其分度值为 0.001 mm。用这种仪器测量齿轮齿距时,其测量力是靠装在齿轮心轴上的重锤 1 来保证的。

测量前,将齿轮安装在两顶尖之间,调整测量装置 5,使球形测量爪位于齿轮分度圆附近,并与相邻两个同侧齿面接触。选定任一齿距作为基准齿距,将指示表 6 调零。然后逐齿测量其余齿距对基准齿距之差。

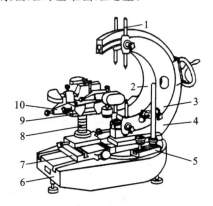

图 15.2　万能测齿仪

1—基座;2—支架;3—锁紧装置;4—滑板;5—测量装置
6—指示表;7,8—下顶尖;9—内弧形架;10—外弧形架

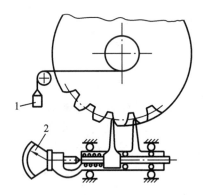

图 15.3　用万能测齿仪测量齿轮齿距

1—重锤;2—指示表

4. 测量步骤

1) 用手持式周节仪测量的步骤(参看图 15.3)

(1) 调整测量爪的位置　将图 15.1 中的固定测量爪 2 按被测齿轮模数调整到模数标尺的相应刻线上,然后用螺钉 9 固紧。

(2) 调整定位脚的相对位置　调整图 15.1 中的定位脚 4 和 5 的位置,使测量爪 2 和 3 在齿轮分度圆附近与两相邻同侧齿面接触,并使两接触点分别与两齿顶的距离接近相等,然后用螺钉 6 固紧。最后调整辅助定位脚 8,并用螺钉固紧。

（3）调节指示表零位　以任一齿距作为基准齿距(注上标记),将指示表 7 对准零位,然后将仪器测量爪稍微移开轮齿,再重新使它们接触,以检查指示表示值的稳定性。这样重复三次,待指示表稳定后,再调节指示表 7 对准零位。

（4）逐齿测量各齿距的相对偏差,并将测量结果计入表中。

（5）处理测量数据　齿距累积误差可以用计算法或作图法求解。

① 用计算法处理测量数据　为计算方便,可以列成表格形式(见表 15.1)。将测得的单个齿距相对偏差($f_{pt相对}$),记入表中第二列。根据测得的 $f_{pt相对}$,逐齿累积,计算出相对齿距累积偏差($\sum\limits_1^n f_{pt相对}$),记入表中第三列。

表 15.1　测量数据表(μm)

一	二	三	四	五
齿序	单个齿距相对偏差	相对齿距累积偏差	齿序与平均值的乘积	绝对齿距累积偏差
n	$f_{pt相对}$	$\sum\limits_1^n f_{pt相对}$	nK	$\sum\limits_1^n f_{pt相对} - nK$
1	0	0	$1 \times 0.5 = 0.5$	-0.5
2	-1	-1	$2 \times 0.5 = 1$	-2
3	-2	-3	$3 \times 0.5 = 1.5$	-4.5
4	-1	-4	$4 \times 0.5 = 2$	-6
5	$+2$	-6	$5 \times 0.5 = 2.5$	-8.5
6	$+3$	-3	$6 \times 0.5 = 3$	-6
7	$+2$	-1	$7 \times 0.5 = 3.5$	-4.5
8	$+3$	$+2$	$8 \times 0.5 = 4$	-2
9	$+2$	$+4$	$9 \times 0.5 = 4.5$	-0.5
10	$+4$	$+8$	$10 \times 0.5 = 5$	$+3$
11	-1	$+7$	$11 \times 0.5 = 5.5$	$+1.5$
12	-1	$+6$	$12 \times 0.5 = 6$	0

$$K = \sum_1^n f_{pt相对}/z = \frac{6}{12}\ \mu m = 0.5\ \mu m$$

$$F_p = [+3 - (-8.5)]\ \mu m = 11.5\ \mu m$$

计算基准齿距对公称齿距的偏差。因为第一个齿距是任意选定的,假设它对公称齿距的偏差为 K,以后每测一齿都引入了该偏差 K。K 的值为各个齿距相对偏差的平均值,其计算公式为

$$K = \sum_1^n f_{pt相对}/z = \frac{6}{12}\ \mu m = 0.5\ \mu m$$

式中: z——齿轮的齿数。

按齿轮序号计算 K 的累加值 nK,计入表中第四列。由第三列减去第四列,求得各齿的

绝对齿距累积偏差($F_{p绝对}$),计入表中第五列。$F_{p绝对}$按下式计算:

$$F_{p绝对} = \sum_{1}^{n} f_{pt相对} - nK$$

第五列中的最大值与最小值之差,即为被测齿轮的齿距累积总偏差 F_p。即

$$F_p = +3~\mu m - (-8.5~\mu m) = 11.5~\mu m$$

从 GB/T 10095.1—2008 中查出齿轮齿距累积总公差 F_p,判断被测齿轮的适用性。各齿距相对偏差分别减去 K 值,其中最大的绝对值即为被测齿轮的单个齿距偏差 f_{pt}。

② 用作图法处理测量数据 以横坐标代表齿序,纵坐标代表表 15.1 的第三列中的相对齿距累积误差,绘出如图 15.4 所示的折线。连接折线首、末两点的直线作为相对齿距累积误差的坐标线。然后,从折线的最高点与最低点分别作平行于上述坐标线的直线。这两条平行直线间在纵坐标上的距离即为齿距累积总偏差 F_p。

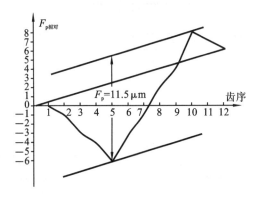

图 15.4　用作图法处理测量数据

2)用万能测齿仪测量的步骤

(1)先擦净被测齿轮,然后把它安装在仪器的两顶尖上。

(2)调整仪器,使测量装置上两个测量爪进入齿间,在分度圆附近与相邻两个同侧齿面接触。

(3)在齿轮心轴上挂上重锤,使轮齿紧靠在定位爪上。

(4)测量时先以任一齿距为基准齿距,调整指示表的零位;然后将测量爪反复退出与进入被测齿面,以检查指示表示值的稳定性。

(5)退出测量爪,将齿轮转动一齿,使两个测量爪与另一对齿面接触,逐齿测量各齿距,从指示表读出单个齿距相对偏差 $f_{pt相对}$。

(6)处理测量数据(同前述方法)。

(7)从 GB/T 10095.1—2008 中查出齿轮齿距累积总公差 F_p,判断被测齿轮的适用性。

实验 16　齿轮齿圈径向跳动测量

1. 实验目的

(1)熟悉测量齿轮径向跳动的方法。

（2）加深理解齿轮径向跳动的定义。

2. 实验内容

用齿圈径向跳动检查仪测量齿轮齿圈径向跳动。

3. 测量原理及计量器具说明

齿圈径向跳动误差 ΔF_r 是指计量器测头（包含圆形、圆柱形等）相继置于每个齿槽内时，从它到齿轮轴线的最大和最小径向距离之差。检查时，测头在齿高中部附近与左右齿面接触，即 $\Delta F_r = r_{max} - r_{min}$（见图 16.1）。

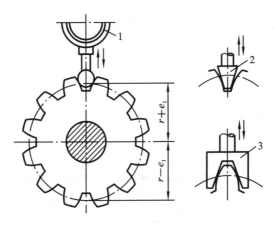

图 16.1 齿圈径向跳动误差 ΔF_r

1—指示表；2—锥形测头；3—V 形测头

齿圈径向跳动误差可用齿圈径向跳动检查仪、万能测齿仪或普通的偏摆检查仪等仪器测量。本实验采用齿圈径向跳动检查仪来测量，图 16.2 为该仪器的外形图。它主要由底座 1、滑板 2、顶尖 6、螺母 7、回转盘 8 和指示表 10 等组成，指示表的分度值为 0.001 mm。该仪器可测量模数为 0.3～5 mm 的齿轮。

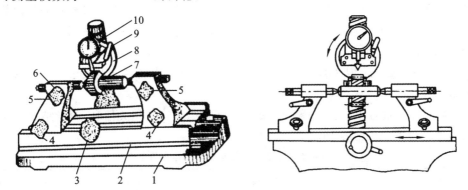

图 16.2 齿圈径向跳动检查仪

1—底板；2—滑板；3—手柄；4,5—固紧螺钉；6—顶尖；
7—螺母；8—回转盘；9—手把；10—指示表

为了测量各种不同模数的齿轮，仪器配有不同直径的球形测量头。

按机械行业标准 JB 179—1983 规定，测量齿圈径向跳动误差应在分度圆附近与齿面接触,故测量球或柱的直径 d 应按下述尺寸制造或选取。

$$d = 1.68m$$

式中：m——齿轮模数（mm）。

此外，齿圈径向跳动检查仪还配有内接触杠杆和外接触杠杆。前者呈直线形，用于测量内齿轮的齿圈径向跳动和孔的径向跳动；后者呈直角三角形，用于测量圆锥齿轮的齿圈径向跳动和端面圆跳动。本实验测量圆柱齿轮的齿圈径向跳动。测量时，将需要的球形测量头装入指示表测量杆的下端进行测量。

4. 测量步骤

（1）安装齿轮　将齿轮套在检验心轴上，用仪器的两顶尖顶在检验心轴的两顶尖孔内，心轴与顶尖之间的松紧应适度，既保证心轴灵活转动而又无轴向窜动，拧紧固紧螺钉 4 和 5。根据被测齿轮的模数，选择合适的球形测量头装入指示表 10 测量杆的下端，如图 16.2 所示。

（2）选择测量头　测量头有两种形状，一种是球形测量头，另一种是锥形或 V 形测量头。若采用球形测量头时，应根据被测齿轮模数按表 16.1 选择适当直径的测量头。也可用试选法使测量头大致在分度圆附近与齿廓接触。

表 16.1　球形测量头的齿轮模数与测量头的直径值

被测齿轮模数/mm	1	1.25	1.5	1.75	2	3	4	5
测量头直径/mm	1.7	2.1	2.5	2.9	3.3	5	6.7	8.3

（3）零位调整　旋转手柄 3，调整滑板 2 位置，使指示表测量头位于齿宽的中部。借升降调节螺母 7 和提升手柄 9，使测量头位于齿槽内。调整指示表 10 的零位，并使其指针压缩 1～2 圈。

（4）测量　测量头与齿廓相接触后，由千分表进行读数，用手柄 9 抬起测量头，用手将齿轮转过一齿，再重复放下测量头进行读数。如此逐齿测量一圈，并记录指示表的读数。若千分表指针仍能回到零位，则测量数据有效，千分表示值中的最大值与最小值之差，即为齿圈径向跳动误差 ΔF_r，否则应重新测量。

（5）处理测量数据　从 GB/T 10095.2—2008 中查出齿轮径向跳动公差 F_r，判断被测齿轮的适用性。

（6）填写测量报告单　按步骤完成测量并将被测齿轮的相关信息、测量结果及测量条件填入测量报告单中。见表 16.2。

表 16.2　齿轮齿圈径向跳动测量报告单

仪器	名　称		分度值/μm	测量范围/mm	
测量齿轮	模数 m	齿数 z	压力角 α	齿轮精度等级	齿圈径向跳动误差 ΔF_r/μm

续表

测量记录	1		10	
	2		11	
	3		12	
	4		13	
	5		14	
	6		15	
	7		16	
	8		17	
	9			
计算结果	齿圈径向跳动误差 $\Delta F_r =$ μm		合格性结论	理由
审阅				

实验 17 齿轮公法线长度偏差的测量

1. 实验目的

(1) 掌握测量齿轮公法线长度的方法。

(2) 加深理解齿轮公法线长度偏差的定义。

2. 实验内容

渐开线圆柱齿轮是机器、仪器中使用最多的传动零件,主要用来传递运动和动力。对齿轮的使用要求可归纳为以下几个方面:①传递运动的准确性;②传动的平稳性;③载荷分布的均匀性;④侧隙的合理性。

本实验要求通过测量齿轮的公法线长度,评定齿轮零件侧隙的合理性。

3. 测量原理及计量器具说明

公法线长度偏差 E_w 是指在齿轮一周范围内,公法线实际长度的平均值与公称值之差。

公法线长度可用公法线指示卡规(见图 17.1)、公法线千分尺(见图 17.2)或万能测齿仪(见图 17.3)测量。

公法线指示卡规适用于测量 6~7 级精度的齿轮。其结构如图 17.1 所示。在卡规的圆管 1 上装有切口套筒 2,靠自身的弹力夹紧。用扳手 9(可从圆管尾部取下)上的凸头插入切口套筒的空槽后再转 90°,就可使切口套筒移动,以便按公法线长度的公称值(量块组合)调整固定卡脚 3 到活动卡脚 6 之间的距离。然后调整指示表 8 的零位。活动卡脚 6 是通过杠杆 7 与指示表 8 的测头相连的。测量齿轮时,公法线长度的偏差可从指示表(分度值为 0.005 mm)读出。

4. 测量步骤

(1) 按下式计算直齿圆柱齿轮公法线长度 W。

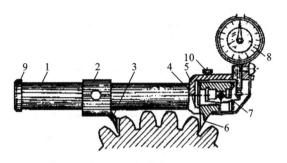

图 17.1　公法线指示卡规

1—圆管;2—套筒;3—固定卡脚;4,5—连接座;6—活动卡脚;7—杠杆;8—指示表;9—扳手;10—按钮

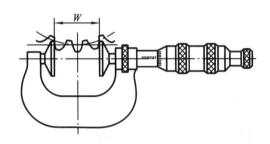

图 17.2　公法线千分尺

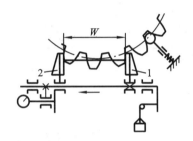

图 17.3　万能测齿仪

1—固定测量爪;2—活动测量爪

$$W = m\cos \alpha_f \pi(n - 0.5) + z\text{inv}\alpha_f + 2\xi m \sin \alpha_f$$

式中:m ——被测齿轮的模数(mm);

　　　α_f ——齿形角(°);

　　　z ——被测齿轮齿数;

　　　n ——跨齿数($n \approx \dfrac{\alpha_f}{\pi}z + 0.5$,取整数)。

当 $\alpha_f = 20°$,变位系数 $\xi = 0$ 时,有

$$W = m[1.476(2n - 1) + 0.014z]$$

$$n = 0.111z + 0.5$$

W 和 n 值也可以从表 17.1 查出。

表 17.1　$m = 1$、$\alpha_f = 20°$ 时的标准直齿圆柱齿轮的公法线长度

齿轮齿数 z	跨齿数 n	公法线公称长度 W/mm	齿轮齿数 z	跨齿数 n	公法线公称长度 W/mm	齿轮齿数 z	跨齿数 n	公法线公称长度 W/mm
15	2	4.6383	21	3	7.6744	27	4	10.7106
16	2	4.6523	22	3	7.6884	28	4	10.7246
17	2	4.6663	23	3	7.7024	29	4	10.7386
18	3	7.6324	24	3	7.7165	30	4	10.7526
19	3	7.6464	25	3	7.7305	31	4	10.7666
20	3	7.6604	26	3	7.7445	32	4	10.7806

续表

齿轮齿数 z	跨齿数 n	公法线公称长度 W/mm	齿轮齿数 z	跨齿数 n	公法线公称长度 W/mm	齿轮齿数 z	跨齿数 n	公法线公称长度 W/mm
33	4	10.7946	39	5	13.8308	45	6	16.8670
34	4	10.8086	40	5	13.8448	46	6	16.8881
35	4	10.8226	41	5	13.8588	47	6	16.8950
36	5	13.7888	42	5	13.8728	48	6	16.9090
37	5	13.8028	43	5	13.8868	49	6	16.9230
38	5	13.8168	44	5	13.9008	50	6	16.9370

注:对于其他模数的齿轮,则将表中的数值乘以模数。

（2）按公法线长度的公称尺寸组合量块。

（3）先用组合好的量块组调节固定卡脚 3 与活动卡脚 6 之间的距离,使指示表 8 的指针压缩一圈后再对零;然后压紧按钮 10,使活动卡脚离开,取下量块组。

（4）在公法线卡规的两个卡脚中卡入齿轮,沿齿圈的不同方位测量 4～5 个以上的值（最好测量全齿圈值）。测量时应轻轻摆动卡规,按指针移动的转折点（最小值）进行读数。读数的值就是公法线长度偏差,如图 17.4 所示。

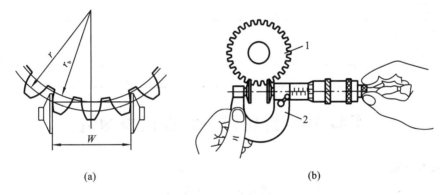

(a)　　　　　　　　　　(b)

图 17.4　用公法线千分尺测量公法线长度

1—被测齿轮;2—公法线千分尺

（5）将所有的读数值平均,它们的平均值即为公法线长度偏差 E_w。

按齿轮图样标注的技术要求,确定公法线长度的上偏差 E_{bns} 和下偏差 E_{bni},并判断被测齿轮的适用性,见表 17.2。

表 17.2　齿轮公法线长度偏差的测量

测量器具名称		分度值/mm	示值范围/mm	测量范围/mm
公法线千分尺		0.01		
被测零件	名称	代号		
	齿轮	GB/T 10095—2008		

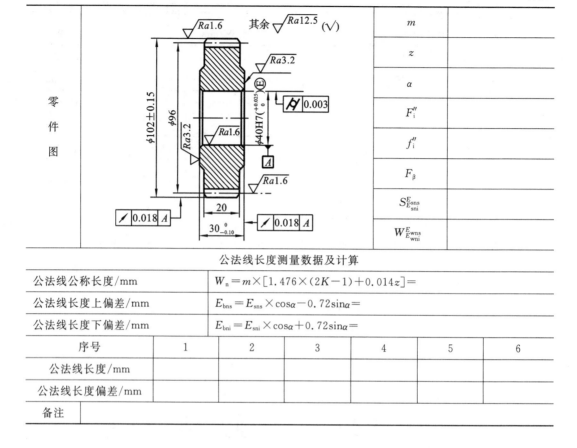

m	
z	
α	
F_i''	
f_i''	
F_β	
S_{Esni}^{Esns}	
W_{Ewni}^{Ewns}	

（零件图）

公法线长度测量数据及计算

公法线公称长度/mm	$W_n = m \times [1.476 \times (2K-1) + 0.014z] =$
公法线长度上偏差/mm	$E_{bns} = E_{sns} \times \cos\alpha - 0.72\sin\alpha =$
公法线长度下偏差/mm	$E_{bni} = E_{sni} \times \cos\alpha + 0.72\sin\alpha =$

序号	1	2	3	4	5	6
公法线长度/mm						
公法线长度偏差/mm						
备注						

实验 18　齿轮径向综合误差测量

1. 实验目的

（1）了解双面啮合综合检查仪的测量原理和测量方法。

（2）加深理解齿轮径向综合误差与径向一齿综合误差的定义。

2. 实验内容

用双面啮合综合检查仪测量齿轮径向综合误差和径向一齿综合误差。

3. 计量器具及测量原理

径向综合误差 $\Delta F_i''$ 是指被测齿轮与理想精确的测量齿轮双面啮合时，在被测齿轮一转内，双啮合中心距的最大值与最小值之差。径向一齿综合误差 $\Delta f_i''$ 是指被测齿轮与理想精确的测量齿轮双面啮合时，在被测齿轮一周节角内，双啮合中心距变动的最大值。

双面啮合综合检查仪的外形如图 18.1 所示。它能测量圆柱齿轮、圆锥齿轮和蜗轮副。其测量范围：模数为 1～10 mm，中心距为 50～300 mm。仪器的底座 1 上安放着活动滑板 2 和固定滑板 3。活动滑板 2 和刻度尺 4 连接，它受压缩弹簧作用，使两齿轮紧密啮合（双面啮合）。活动滑板 2 的位置用凸轮 10 控制。固定滑板 3 与游标尺 5 连接，用手轮 6 调整它的位置。仪器的读数与记录装置由指示表 11、记录器 12、记录笔 13、记录滚轮 14 和摩擦盘 15 等组成。

理想精确的测量齿轮安装在固定滑板 3 的心轴上,被测齿轮安装在活动滑板 2 上。由于被测齿轮存在各种误差(如基节偏差、周节偏差、齿圈径向跳动和齿形误差等),这两个齿轮转动时,使双啮合中心距变动,变动量通过活动滑板 2 的移动传递到指示表 11 读出数值,或者由仪器附带的机械式记录器绘出连续曲线。

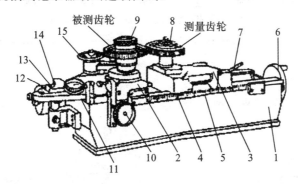

图 18.1　双面啮合综合检测仪

1—底座;2—活动滑板;3—固定滑板;4—刻度尺;5—游标尺;6—手轮;7—手柄;8—主滑架心轴;
9—测量滑架心轴;10—凸轮;11—指示表;12—记录器;13—记录笔;14—记录滚轮;15—摩擦盘

4. 测量步骤

(1)旋转凸轮 10,将活动滑板 2 大约调整在活动范围的中间。

(2)在活动滑板 2 和固定滑板 3 的心轴上分别装上被测齿轮和理想精确的测量齿轮。旋转手轮 6,使两齿轮双面啮合。然后,锁紧固定滑板 3。

(3)调节指示表 11 的位置,使指针压缩 1~2 圈并对准零位。

(4)在记录滚轮 14 上包扎坐标纸。

(5)调整记录笔的位置,将记录笔尖调到记录纸的中间,并使笔尖与记录纸接触。

(6)放松凸轮 10,由弹簧力作用使两个齿轮双面啮合。

(7)进行测量。缓缓转动测量齿轮,由于被测齿轮的加工误差,双啮合中心距就产生变动,其变动情况从指示表或记录曲线图中反映出来。

在被测齿轮转一转时,由指示表读出双啮合中心距的最大值与最小值,两读数之差就是齿轮径向综合误差 $\Delta F_i''$。在被测齿轮转一周节角时,从指示表读出双啮合中心距的最大值变动量,即为径向一齿综合误差 $\Delta f_i''$。

(8)处理测量数据。从 GB/T 10095—2008 中查出齿轮的径向综合公差 F_i'' 和径向一齿综合公差 f_i'',将测量结果与其比较,判断被测齿轮的适用性。

实验 19　齿轮齿形误差测量

1. 实验目的

(1)学习渐开线齿形的检验方法,掌握齿形公差的合格性判定。

(2)熟悉单盘式渐开线检查仪的调整和使用方法。

2. 使用仪器

单盘式渐开线检查仪、齿轮杠杆表、标准缺口样板。

3. 仪器工作原理和使用调整方法

1）仪器的工作原理

将被测齿轮和摩擦圆盘装在同一心轴上,圆盘和装有测量头的直尺以一定的接触力相接触,当直尺移动时将带动圆盘作纯滚动。由于测量头的端点被调整在直尺与圆盘的切线平面内,因此,在滚动时,即可相对圆盘展开理论渐开线,如果被测齿轮的齿形与理论齿形不吻合,测量头相对直尺就会产生偏移,这一微小的偏移量通过杠杆由指示表或记录器记录指示出来即为齿形误差。

2）仪器的使用与调整

单盘式渐开线检查仪的结构如图 19.1 所示。

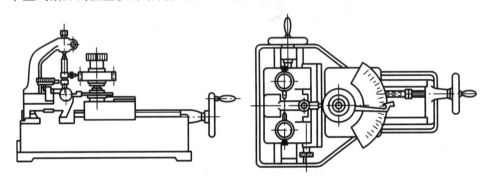

图 19.1　单盘式渐开线检查仪的结构

在仪器的丁字形底座上,装有纵向拖板和横向拖板,借助手轮拖板可在导轨上移动,在横向拖板上装有直尺,在纵向拖板的心轴上装有被测齿轮和摩擦圆盘,在外力的作用下,摩擦圆盘与直尺紧密接触。在横向拖板上装有测量头,测量头的微小位移量可通过杠杆由指示表指示出来。

（1）仪器调整　为了使测量头端点位于直尺与摩擦圆盘接触线的延长线上,应采用标准样板进行调整,调整方法为:使测量头的端点与缺口样板的缺口表面相接触,当移动纵向拖板使缺口样板在纵向移动时,指示表示值不变,即为调整完毕;反之应继续调整,直至达到所要的调整位置方可。此时刻度盘的读数应为零,指示表的示值也应调至零位。

（2）误差测量　先用手轮调整测量起始点的展开角度 φ_0,即直尺带动摩擦圆盘作纯滚动,刻度盘的指示为 φ_0。然后,取下缺口样板,装上被测齿轮,使测量头和相应的齿面相接触,并使指示表的示值为零,此点即为测量的起始点。

继续转动手轮,指示表的示值,即为刻度盘指示的展开角度所对应的齿形误差数值,当展开角度达到测量终止展开角 φ_e 时,测量即告结束。

4. 实验步骤

（1）按上面所述的方法调整仪器。

（2）把擦净的被测齿轮安装并固紧在心轴上。

（3）测量轮齿的齿形,读出指示表的数值。

（4）进行数据处理,判断被测齿轮齿形的合格性。

第6部分　角度、锥度测量

实验20　用正弦尺测量圆锥角偏差

1. 实验目的

了解正弦尺测量圆锥角的原理和方法。

2. 实验内容

用正弦尺测量圆锥塞规的圆锥角偏差。

3. 计量器具及测量原理

正弦尺是间接测量角度的常用计量器具之一,它需要与量块、指示表等配合使用。正弦尺由主体和两个圆柱等组成,分窄型和宽型两种。窄型正弦尺的结构如图20.1所示。

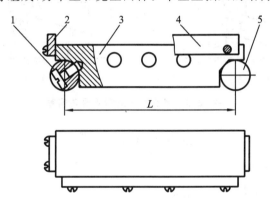

图 20.1　窄型正弦尺结构

1—螺钉;2—前挡板;3—主体;4—侧挡板;5—圆柱

正弦尺测量角度的原理是以利用直角三角形的正弦函数为基础,如图20.2所示。

测量时,先根据被测圆锥塞规的公称圆锥角 α,计算出量块组的高度 h,即

$$h = L\sin\alpha$$

式中:L——正弦尺两圆柱间的中心距(100 mm 或 200 mm)。

根据计算的 h 值组合量块,垫在正弦尺的下面,如图20.2所示,正弦尺的工作面与平板的夹角为 α。然后,将圆锥塞规放在正弦尺的工作面上,如果被测圆锥角恰好等于公称圆锥角,则指示表在 e、f 两点的示值相同,即圆锥塞规的素线与平板平行。反之,e、f 两点的示值必有一差值 n,这表明存在圆锥角偏差。若实际被测圆锥角 $\alpha' > \alpha$,则 $e - f = +n$,如图20.3(a)所示;若 $\alpha' < \alpha$,则 $e - f = -n$,如图20.3(b)所示。

由图20.3可知,圆锥角偏差 $\Delta\alpha$ 可按下式计算:

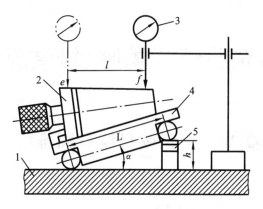

图 20.2　正弦尺测量角原理

1—平板；2—被测圆锥塞规；3—指示表；4—正弦尺；5—量块

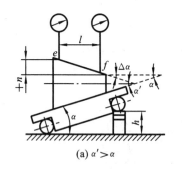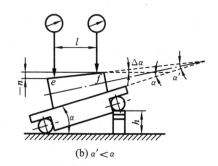

$$(a)\ \alpha'>\alpha \qquad\qquad (b)\ \alpha'<\alpha$$

图 20.3　用正弦尺测量圆锥角偏差

$$\Delta\alpha = \tan(\Delta\alpha) = \frac{n}{l}$$

式中：l——e、f 两点间的距离；

　　　n——指示表在 e、f 两点的读数差；

　　　$\Delta\alpha$ 的单位为弧度，1 弧度 $= 2\times10^5$ 秒。

4. 测量步骤

（1）根据被测圆锥塞规的公称圆锥角 α 及正弦尺圆柱中心距 L，按公式 $h = L\sin\alpha$ 计算出量块组的尺寸，并组合好量块。

（2）将组合好的量块组放在正弦尺一端的圆柱下面，然后将圆锥塞规稳放在正弦尺的工作面上，且应使圆锥塞规的轴线垂直于正弦尺的圆柱轴线。

（3）用带架的指示表，在被测圆锥塞规素线上距离两端分别不小于 2 mm 的 e、f 两点处进行测量和读数，测量前指示表的测头应先压缩 1～2 mm。

（4）如图 20.3 所示，将指示表在 e 点处前后推移，记下最大读数。再在 f 点处前后推移，记下最大读数。在 e、f 两点各重复测量三次，取平均值后，求出 e、f 两点的高度差 n，然后测量 e、f 两点间的距离 l。圆锥角偏差按下式计算：

$$\Delta\alpha = \frac{n}{l}(\text{弧度}) = \frac{n}{l}\times2\times10^5(\text{秒})$$

（5）从国标中查出圆锥角极限偏差，并判断被测塞规的适用性。

实验 21　用万能角度尺测量角度

1. 实验目的

（1）掌握万能角度尺的结构及读数方法；

（2）学会使用万能角度尺测量工件的角度。

2. 实验内容

用万能角度尺测量零件的角度。

3. 仪器使用说明及测量方法

1）万能角度尺的结构

万能角度尺主要用于测量各个工件的内外角度，它的结构如图21.1所示。游标固定在扇形板上，基尺和尺身连成一体，扇形板可以与尺身作相对回转运动，形成与游标卡尺相似的读数机构。用夹块可将90°角尺或直尺固定在扇形板上，也可将直尺直接固定在90°角尺上。

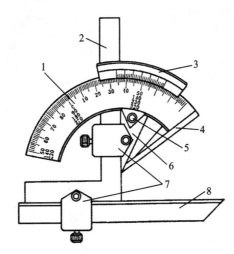

图 21.1　万能角度尺

1—微动装置（在主尺背面）；2—直角尺；3—游标尺；4—扇形板；5—制动器；6—测量面；7—卡块；8—直尺

2）万能角度尺的读数原理

万能角度尺的读数原理与其他游标量具相同，也是利用主尺刻线间距与游标刻线间距之差进行小数部分的读数。

如图21.1所示，主尺的分度每个等于1°，游标的分度方法是将主尺的29个格的一段弧长分为30个格，则

$$游标每格＝29°/30＝29×60'/30＝58'$$

主尺一格与游标一格之差为

$$1°－29°/30＝60'－58'＝2'$$

所以角度尺的分度值是2'。

3）读数方法

在主尺上读取"度"数，在游标上读取"分"数，然后将"度"和"分"相加。

4）万能角度尺的使用方法

使用前，将万能角度尺的各测量面擦干净，检查角度尺零位是否正确，并根据被测角度选用万能角度尺进行测量。

测量 0°～50°之间的角度，如图 21.2(a)所示，应装上直角尺和直尺。

测量 50°～140°之间的角度，如图 21.2(b)所示，只需装上直尺。

测量 140°～230°之间的角度，如图 21.2(c)所示，只需装上直角尺。装直角尺时，应注意使直角尺短边与长边的交点与基尺的尖端对齐。

测量 230°～320°之间的角度，如图 21.2(d)所示，不需装直角尺和直尺，只需使用基尺和扇形板的测量面进行测量。

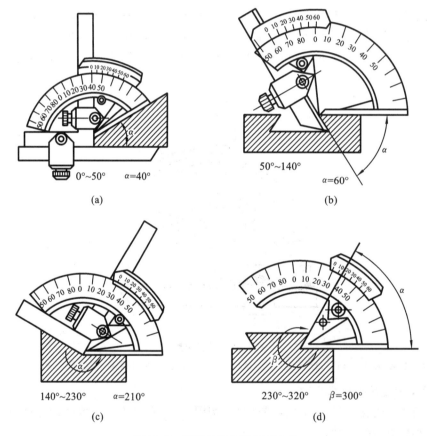

(a)

(b)

(c)

(d)

图 21.2　万能角度尺的使用方法

测量时，放松制动器上的螺母，移动主尺座作粗调整，再转动游标背面的手把作精细调整，直到使角度尺的两测量面与被测工件的工作面密切接触为止。然后拧紧制动器上的螺母加以固定，即可进行读数。

测量完毕后，应用汽油或酒精把万能角度尺洗净，用干净纱布仔细擦干，涂以防锈油，然后装入匣内。

4. 实验步骤

以测量台阶轴为例。

1）圆锥面斜角的测量

（1）根据被测角度选择并装好测量尺，调整万能角度尺的角度，使其稍大于被测角度，圆锥面斜角粗略估计在 $100°$ 左右，在 $50°\sim140°$ 范围内，所以只需装上直尺。

（2）将工件放在基尺与测量尺的测量面之间，使工件的一个被测面与基尺的测量面接触。

（3）利用微动装置，使测量尺与工件另一被测面充分接触好。

（4）紧固制动器之后即可进行读数，测得锥面的斜角为 $\alpha=91°32'$。

2）圆锥面锥角的测量

（1）目测锥角的大小在 $0°\sim50°$ 之间，故选用直尺和直角尺一起装上，调整角度尺的角度略大于锥角。

（2）同上，将工件放在基尺与测量尺的测量面之间，使工件的一个被测面与基尺的测量面接触。

（3）利用微动装置，使测量尺与工件另一被测面充分接触好。

（4）紧固制动器之后即可进行读数，测得锥角为 $\beta=3°18'$。

5. 数据处理与分析

测量出锥面斜角后，可通过计算求出锥角值，由图 21.3 可知：

$$\beta=(\alpha-90°)\times2$$

即

$$\beta=(91°32'-90°)\times2=3°4'$$

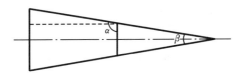

图 21.3　处理数据的方法

6. 实验结果

测得的 β 为 $3°18'$，而计算的结果为 $3°4'$。由于测量误差以及加工误差等的原因，测量值与计算值并不相等，而通过角度尺直接测量的锥角值更加准确些。

参 考 文 献

［1］ 王伯平.互换性与测量技术基础［M］.3 版.北京:机械工业出版社,2009.

［2］ 杨斌.公差配合与测量技术实验指导书［M］.兰州:甘肃科学技术出版社,2008.

［3］ 徐红兵.几何量公差与检测实验指导书［M］.北京:化学工业出版社,2006.

［4］ 甘水立.几何量公差与检测［M］.6 版.上海:上海科学技术出版社,2004.